IFS

技能实践手册

Internal Family Systems Skills Training Manual
Trauma-Informed Treatment for Anxiety, Depression, PTSD & Substance Abuse

[美] 弗兰克·G. 安德森（Frank G. Anderson） 玛莎·斯威齐（Martha Sweezy） 理查德·C. 施瓦茨（Richard C. Schwartz）著
师建珍 吴伊兰 译

机械工业出版社
CHINA MACHINE PRESS

图书在版编目（CIP）数据

IFS 技能实践手册 /（美）弗兰克·G. 安德森（Frank G. Anderson），（美）玛莎·斯威齐（Martha Sweezy），（美）理查德·C. 施瓦茨（Richard C. Schwartz）著；师建珍，吴伊兰译. —北京：机械工业出版社，2023.5

书名原文：Internal Family Systems Skills Training Manual: Trauma-Informed Treatment for Anxiety, Depression, PTSD & Substance Abuse

ISBN 978-7-111-73030-9

I. ① I… II. ①弗… ②玛… ③理… ④师… ⑤吴… III. ①精神疗法—手册 IV. ① R749.055-62

中国国家版本馆 CIP 数据核字（2023）第 071087 号

机械工业出版社（北京市百万庄大街 22 号　邮政编码 100037）
策划编辑：胡晓阳　　　　　　责任编辑：胡晓阳
责任校对：郑　婕　张　薇　责任印制：刘　媛
涿州市京南印刷厂印刷
2023 年 7 月第 1 版第 1 次印刷
170mm×230mm·13.5 印张·1 插页·177 千字
标准书号：ISBN 978-7-111-73030-9
定价：79.00 元

电话服务　　　　　　网络服务
客服电话：010-88361066　机　工　官　网：www.cmpbook.com
　　　　　010-88379833　机　工　官　博：weibo.com/cmp1952
　　　　　010-68326294　金　书　网：www.golden-book.com
封底无防伪标均为盗版　机工教育服务网：www.cmpedu.com

献词

我将这本书献给我的爱人、孩子和父母。

首先也是最重要的，感谢迈克尔（Michael）在我的生命中持之以恒地给予我支持。你对我的鼓励，让我有机会去拥抱和表达真实的自我，是我生命中最珍贵的礼物之一。

我的孩子洛根（Logan）和奥斯汀（Austin）是我最好的老师。我们相聚在一起，互相学习，共同成长。你们用我从未想到过的方式改变了我。我爱你们，也感谢你们选择我作为人生旅途中的良师益友。

献给我的父母：爸爸，感谢您做我的啦啦队长和最忠实的粉丝；妈妈，谢谢您在我成长的过程中告诉我：我可以做任何自己想做的事。感谢你们一直以来为我做出的牺牲和满满的爱。

带着爱和感恩

弗兰克·G.安德森

我把这本书献给我亲爱的朋友帕特·格尔西克（Pat Gercik），他充满爱的真我能量将"P"用"回到当下（Present）、坚持不懈（Persistent）和充满童心（Playful）"表达了出来。

玛莎·斯威齐

我把这本书献给已故的雷吉娜·古尔丁（Regina Goulding）——一起探索创伤后内在世界的无畏的勇士。

理查德·C. 施瓦茨

我们一并感谢琳达·杰克逊（Linda Jackson）和克莱尔·泽拉斯科（Claire Zelasko）在写作过程中给予的善意、耐心、帮助和热情。我们也同样感谢彼此。

推荐序1

我与 IFS 结缘

2016 年，我在静观自我关怀之父、哈佛大学心理学家克里斯托弗·杰默（Christopher Germer）博士的引荐下，在哈佛大学的"国际关怀理论与实践大会"上，第一次遇见 IFS 的创始人理查德·C. 施瓦茨（Richard C. Schwartz）博士。在这之前，我与杰默博士已相识并共事多年，他在给我们的教练团队做关于创伤的督导时，向我们推荐了当今国际心理学领域卓有成效的心理创伤处理方法——内在家庭系统（Internal Family System，IFS）疗法，我们俗称为部分心理学。

施瓦茨博士是一位谦逊、低调、极具勇气和创造力、知识渊博且思维极其敏捷的思想家。他也是美国顶尖的家庭治疗师，与人合著的《家庭治疗：概念和方法》（*Family Therapy：Concepts and Methods*）是美国应用最广泛的家庭治疗教材之一。他在 20 世纪 80 年代初创立了 IFS，并在过去近 40 年里不断发展和完善。2015 年，IFS 被列入美国国家循证项目与实践注册系统（National Registry of Evidence-based Programs and Practices，NREPP）目录，成为美国国家医疗系统和保险系统认证的心理治疗方法。

我很快开始跟随施瓦茨博士学习，在美国参加他亲自带领的课程和网络督导。随后，我也带领教练团队前往美国和世界其他地区参加 IFS 的国际培训。2018 年 12 月，我在越南的 IFS 国际二阶培训"IFS、创伤和神经科学"（IFS, Trauma and Neuroscience）上，遇见了弗兰克·G. 安德森（Frank G. Anderson）博士，他是一位精神科医生，同时也是资深的 IFS 治疗师和培训师，他对神经科学的深入研究和简洁、精准的介绍，让我大为受益。他的风趣幽默、热情活泼，给我留下了深刻的印象。

从 2017 年开始，我们邀请施瓦茨博士及其团队的首席培训师在中国多次开展大型课程。最令我激动和感动的是，随着合作的进行，施瓦茨博士及其团队高度评价和认可我们的同伴教育模式，也看到了将 IFS 带向大众的可能和未来（目前在西方国家，主要还是专业人士学习和使用 IFS）。经过共同探讨，我们在 2019 年达成了战略合作计划，启动了"部分心理学教练"计划。我心中的愿望是让每一个想拥有内心宁静与和谐的普通人，都有机会通过同伴教育的方式，学会 IFS，用于自助或助人。我们正在有节奏、有步骤地推出一系列 IFS 培训，包括网络课和地面课。而本书的问世，将给所有想要了解和应用 IFS 的人提供一个有力工具。

IFS 的革命性

我认为 IFS 是继弗洛伊德的精神分析理论之后最具革命性的心理学方法，具有划时代的意义。首先，IFS 提出了一种新的心智模式——不以疾病的角度来看待人的心理和精神状态，而是认为：这个世界上没有真正的精神病患者或者坏人，只有被不同部分主宰、内在失衡的人。如果你感到抑郁、焦虑、恐惧、悲伤、羞愧或者愤怒，那是因为抑郁、焦虑、恐惧、悲伤、羞愧或愤怒的部分暂时主导了你的生活，但它们不是你的全部，也不能代表真正的你，就像乌云可以暂时遮住太阳，但没有一片乌云会永远遮住太阳。

其次，IFS 给了所有人（包括经历过重大或复杂创伤的人）以疗愈的希望。过去几十年来，心理学界的主流方法（尤其是与依恋理论有关的）都认为：如果一个人在生命早期没有得到足够的、安全的、积极正面的养育，没有与照顾者建立足够好的关系，这一生注定会过得非常困难或痛苦。有一句非常流行的话，"幸运的人用童年疗愈一生，不幸的人用一生疗愈童年"。然而，施瓦茨博士认为：每个人的内在都有一个"真我"，即真正的自己。真我永远不会被任何经历所摧毁，也不会被玷污、损坏；真我就像太阳，即使在狂风暴雨之中，你看不见太阳，但是太阳一直都在那里。他的这个观点对于所有人（尤其是有严重创伤史的人）来讲，就像黑暗中的一道曙光，让经历过创伤的人看到了希望。他让我们看到，我们的命运一直掌握在自己的手里。无论过去发生了什么，我们经历了什么或者缺失了什么，我们的内在都有一个真我，我们都有足够的智慧、力量和爱，可以自我满足、自我领导、自我疗愈。

二十几年来，对大量有各种各样创伤经历的人的帮助，让我对这一积极、充满希望和有效的疗愈方法深信不疑。

这本书的主要内容和特色

IFS 不仅为化解人类的痛苦提供了希望和力量，而且提供了具体的方法和步骤。本书是过去 40 年来出版的众多 IFS 著作之中最具有操作性的一本。

本书具有以下四个特点：

- 第一，对 IFS 模型进行了全面的介绍，清晰、精准、简洁明了，如对保护者进行分类，并演示如何与他们沟通。每章还有配套练习，易读、易学、易用，便于初学者迅速了解 IFS 模型，并尝试使用。

- 第二，本书包含了数十个临床案例，详细介绍了 IFS 应用过程的每一个步骤，包括关键的技术要领、实际操作中可以使用的表达（比如如何介绍 IFS，如何与不同的部分交流，如何直接介入等）。对于复杂创伤如何处理，本书也提供了详细的步骤和方法，非常具有临床指导意义。

- 第三，充满尊重、善意和爱的态度贯穿本书始终，散发着浓浓的 8C [⊖] 能

⊖ 真我拥有的 8 项品质，其英文单词均以 "C" 开头，简称 8C。它们分别是好奇（Curiosity）、平静（Calm）、清晰（Clarity）、联结（Connectedness）、自信（Confidence）、勇气（Courage）、创造（Creativity）和关怀（Compassion）。

量。阅读本书，本身就是一种与真我的联结。

- 第四，本书包含了与创伤有关的神经科学领域的知识，从神经科学的角度阐释了 IFS 的各个步骤对大脑的影响。创伤不仅是一个记忆、一种感受，还存在于我们的神经网络中。IFS 的每一个步骤，都有神经科学的原理和意义。通过这些介绍，让我们知其然，也知其所以然。

这本书适合谁读

这本书是寻求提升专业技能的 IFS 治疗师、咨询师或教练的必备手册。同时，对于寻求个人成长和疗愈的读者，以及初学 IFS 并希望通过它来更好地帮助他人的教师、医生或家长而言，这本书也能提供非常大的帮助。我推荐每一位想要获得内心宁静与和谐的朋友，都阅读这本书。

奥斯威辛集中营的幸存者、心理学家维克多·弗兰克尔（Viktor Frankl）在其著作《活出生命的意义》中描述了人类在极端情况下的心理冲突和选择，让读者体会和感悟到人性的本来面目。他当时并没有用"部分"或者"真我"的概念，但这本著作向我们呈现了集中营里那些能够和自己的"真我"联结的人，最终得以幸存，而那些无法与真我联结的人，则没能幸存。

施瓦茨博士有一句名言："当真我在线的时候，疗愈会自然发生。"刚开始了解和应用 IFS 时，许多人会关心这个模型的原理、技术和方法。随着学习越来越深入，就越能感受到，理论知识和技术方法不是最重要的；在大量的实践中，能够越来越多地由真我领导自己的内在系统，才是最重要的。无论是自助还是助人，当真我在线时，成长和疗愈就会自然发生。

过了 60 岁，我开始逐渐感悟到：人生除了爱、自由和快乐，其他都是负担。我看见太多的人，背负了没有必要的负担，让自己痛苦不堪，也给家庭、公司、社会甚至世界增加了负担。好消息是，所有的负担都能够用有效的方法放下。你可以从阅读这本书开始，让自己的生命越来越充满爱、自由和快乐。

愿人人都能拨开云雾见青天，遇见真正的自己。

愿面对各种人生境遇时，人人都能回归内心宁静和与人和谐。

海蓝博士

海蓝幸福家创始人

《不完美，才美》作者

IFS 中国师资培训师

能够与这本书相遇的人，想必多半是了解或学习过 IFS 的咨询师同行。你或许已经读过 IFS 的专业入门"第一书"——《部分心理学（原书第 2 版）》，并且对 IFS 的理论架构和咨询过程了然于胸了。如果你入门后看到的第二本书就是这本，那么我想为你的选择鼓掌！因为在我看来，这本书理应坐上 IFS 专业书的第二把交椅。

记得我第一次拿到这本书时，我的 IFS 初阶培训尚未开课。我翻开这个蓝皮的薄册子（英文版），看到满篇的练习和咨询对话，就被这简洁实用的风格吸引了。它简直像一个精简版的"IFS 使用说明书"，细致而全面地回应着我在 IFS 实践中遇到的大小问题，像是一个 IFS 的督导师在我耳边时时传授。几年内，我翻开这本书的次数要远远大于入门第一书，因为它就像一本字典一样，随用随翻，不可取代。此书究竟为何是一个"宝藏"呢？要说明这个问题，我想要分享一下自己学习 IFS 的历程。

作为一个整合取向的咨询师，我在学习中实在算是"博爱"了。看到大部分流派都有一见倾心之感，也很愿意继续深入"交往"，不过都不会"私定终身"，甚至连"长相厮守"都不能，因为总有新"人"在侧，令我心驰神往。久而久之，博爱之人要花时间和金钱在哪个流派的培训上，也就变成一个日益棘手的问题了。

初遇 IFS 时，我不只一见倾心，简直魂牵梦萦。于是，我跟很多同行一样，从阅读一些关于 IFS 的介绍性章节开始认识它。相识之初，我更多地被它的理论概念所吸引，就像很多听我介绍过这个流派的同行的反馈一样，会觉得眼前一亮、新颖有趣，然后跃跃欲试。不过，当我真的去尝试时，就发现"读得明白"跟"用得出来"之间横着一道鸿沟，仿佛看山跑马，纵使理论在心里，技术在嘴边，在咨询中往往也只能见缝插针地用，稍一深入就有一种想仓皇逃走的感觉了。

后来，我逐渐理解了 IFS 作为"经验派"的深意。所谓"经验派"，就是要体验的。咨询中的改变，都在体验之间；咨询师的学习，也有赖于体验的层层深入。我想，这是学习经验派与其他流派的不同吧。有些流派或许通过读书、看视频就可以达到不错的受训效果，而越是"经验派"的流派，就越需要去亲身尝试、浸泡、怀疑并体悟。就像电影里的一些动人情节，如果我们只是作为随意路过的观众，看个几分钟，可能只觉得夸张、矫情，但若是身处其中，将自己的身心血肉都浸泡在里面，就不由得为之动容了。

因此，哪怕 IFS 的初阶培训要整整 18 天之久，我还是毅然连续两年报名（第一年没报上），只求一份体验。如今想来，不得不说我能参与 IFS 的培训（尤其是在新冠肺炎疫情之前还得以参加线下培训）实在是三生有幸。因为据我所知，在我完成初阶培训的第二年，IFS 的初阶培训就已经火爆到需要通过"摇号"来选出参与者了。我有很多同行朋友都被这份莫测的天意拦在门外，暂且只能靠图书与视频来持续学习。那 18 天是分为 6 个长周末（每次 3 天）进行的，每个长周末的培训都有一个主题，从理解 IFS、与保护者和被放逐者工作，到关注咨询师自身的内在系统，层层递进。另外，讲解的时间大概都不超过 30%，大部分的时间都花在了案例观摩和小组练习上。完整的初阶培训结束，我对于众多小组练习的印象最为深刻。每一个练习都有明确的主题，每个小组 3 ~ 4 个人，由一个助教带领。我在练习中一步步看到自己的内在系统，尝试运用 IFS 与个案工作，体验到内在系统不同部分之间的张力，不断觉察到自己与不同部分融合时的状态……如今想来，我对 IFS 的认识其实是在练习中逐渐建立起来的。

基于我个人的体验，如果要我推荐学习 IFS 的最佳途径，我会毫不犹豫地推荐官方培训。不过，如今受训难度在不断加大，不是你我能掌控的。因此，在这样的环境下，我更觉得这本书尤为珍贵了。虽然它只是文字，但通过大量的练习和咨询示范，可以尽可能地让读者身在其中、有所体验。这本书不仅简明扼要地说明了 IFS 的每一步咨询技术，甚至手把手地教读者如何组织语言、如何提问、如何回应来访者的质疑、如何跟来访者介绍 IFS 等，还设计了大量咨询师可以自己做的练习，通过练习来帮助我们看到自己的部分，认识它们，与它们建立关系，增加对自身内在系统的觉察。我实在想不出一本书还可以怎样在"体验"二字上做得更好了。

如果你对 IFS 感兴趣，如果你不仅对它的理论建构感兴趣还对在咨询中如何应用感兴趣，如果你想要全程参加 IFS 的培训但尚有困难，如果你看重咨询师自身的修炼和体验，如果你想花一本书的价钱请到一位人工智能般的 IFS 督导师，那么，我都会真诚而热烈地推荐这本书给你。

愿这本书可以适当弥合理论与实践的鸿沟，愿它给你在咨询中实践的底气，愿它成为你的案头好友，常翻常新。

兰菁

北京师范大学心理学部应用心理专业硕士兼职导师

北京师范大学心理学部家庭研究与治疗方向博士

美国西北大学家庭研究院临床博士后

美国婚姻家庭治疗协会认证督导师

中国心理学会婚姻家庭心理与咨询专业委员会委员

目录

本书作者理查德·C.施瓦茨博士是婚姻和家庭治疗专家，也是内在家庭系统（Internal Family Systems，IFS）治疗的创始人。**内在家庭系统治疗，俗称部分心理学**。施瓦茨博士在20世纪80年代治疗饮食失调的青少年时，常常听到来访者谈及"不同的部分"，为了通俗易懂，便把这些子人格叫作"部分"。施瓦茨博士与来访者一起探索各种可能，鼓励像对待家庭成员一样和饮食失调的部分互动，他发现可以和来访者一起说服某些极端的部分，允许他们自己和一些扭曲的想法分离后，来访者就可以很自然地带着好奇而不是评判，来关注这个部分。

IFS治疗的关键就是来访者和部分之间这种善意的、富有关怀的关系，这是疗愈的关键，已得到证实。当头脑停止喋喋不休，我们才可以感受到清晰与平衡，体验到平静和开阔，仿佛我们的心灵都变得明亮而宽广。在某些我们与人联结的时刻，我们可以感受到一阵喜悦，这种喜悦可以消除烦恼、怀疑和无聊。施瓦茨博士观察到，当治疗师和来访者之间的这种联结达到一定程度时，疗愈就会自然发生，这就是真我。

展现真我，聆听各个部分

IFS 是一种循证医学疗法，其目标是通过展现真我来治愈受伤的部分，它能帮助我们带着好奇和关怀充满信心地生活。当来访者展现出更多的真我品质，倾听这些部分，而不是急于消除它们的时候，内在对话会自发地改变。极端的声音会平静下来，来访者也会有更好的感受，他们可能会感受到更加安全、轻松、自由、开放，也更加有趣。有些来访者虽然一开始对自己的问题缺乏觉知，但有可能瞬间就可以清晰理解自己的感受和情感轨迹。即便有些来访者曾经在童年时经历了无情的虐待和忽视，缺乏安全感，看起来改变的可能性也不大，而一旦与内在的真我联结，就可以体验到觉知、自我接纳、稳定以及成长。

即使内在有着非常严重的冲突，来访者仍然可以在瞬间获得这种接纳和理解的能力。施瓦茨博士在反复目睹这些案例之后总结：传统治疗是以症状为导向、以结果为中心来解决问题的，并不能解释和帮助他理解所发生的情况。心理疗法和精神疗法对我们所说的"真我"的本质都有过相似的描述，比如灵魂、神性、佛性，或是意识的中心。根据他的体验，一旦部分腾出空间，我们就可以进入到真我的核心。

然而，带领来访者一起体验真我领导并非易事，关于心灵和心理治疗的大部分教导其实助长了恐惧并使我们远离真我。不同版本的《精神障碍诊断与统计手册》（Diagnostic and Statistical Manual of Mental Disorders，DSM），美国和其他国家常用于诊断精神疾病的指导手册始终鼓励心理治疗师专注于来访者最恐怖或病态的行为，治疗师也会非常小心，他们担心自己的职业生涯、名誉会受到影响，甚至有被起诉的可能。与此同时，治疗过程中来访者和治疗师可能会相互激发出很多难以控制的情绪、想法、偏见、消极联想和冲动等，治疗师自己的心理负担也会使他们在治疗过程中变得脆弱。如果治疗师无法帮助自己，也就无法帮助来访者。除非治疗师之前探索过自己的恐惧、羞愧甚至毁灭性的孤独，否则无法与他们同行。

因此，我们不要忽视自己内在的"野蛮"部分：那些讨厌、愤怒、压制、恐吓、背叛、威胁、带着各种偏见和贪婪的不受欢迎的部分；或是那些并没有那么令人厌恶的感受，比如抑郁、焦虑、自以为是、内疚以及自我憎恨等。然而，和自责相比，与内在的部分成为朋友则更为有益、更受欢迎、也更加有效。一旦我们和自己内在的极端反应成为朋友，帮助来访者成为自己的朋友，就会给治疗师带来极大的好处。当我们聆听而不是放逐这些部分时，我们就可以毫不费力地转化它们。

为了能和来访者更好地联结与同步，治疗师可能需要面对的一项挑战就是必须针对自身做大量的内在工作。一旦治疗师可以和真我联结，就几乎可以毫不费力地开展治疗，像变魔术一样神奇。作为 IFS 治疗师，我们的工作就是帮助来访者达到深刻的静观、专注、意识集中和内在平静的状态。在这种充满活力且活跃的状态下待几个小时，有幸见证来访者内心深处令人敬畏、鼓舞人心的旅程之后，我们常常会在一天结束时意识到自己联结到了比自身大很多的某种力量。

如何使用本书

体验

IFS 应用是体验式的，首先请跟随手册练习。掌握 IFS 疗法的最佳方式就是体验，而与来访者一起练习 IFS 的最好方法就是关注个人感受。我们建议治疗师自己先练习，再与来访者分享。

冥想

本书中包含了一些冥想练习，这些冥想练习是基于 IFS 模型基础发展而来的。你可以根据自己的需要来使用，比如录音回放或按步浏览；也可以按照顺序练习，或者多次尝试其中的某一个练习。

神经科学

我们也将一些当前的神经科学知识纳入本书，因为它和 IFS 模型的治疗步骤有关。希望在做 IFS 治疗时，可以帮助大家进一步理解大脑可能发生的变化，提供决策信息。

关于本书

在本书中，我们采用体验的方式引导读者了解 IFS 治疗的流程，向读者介绍控制内在系统的积极动机（通常是隐藏的），并举例说明解决隐藏症状的有效策略。

同时，本书也涵盖了 IFS 治疗的最终疗愈步骤。我们通过这些步骤陪伴来访者进入其内在最为脆弱的部分。在这种情况下，我们不提供体验性练习，也不建议尝试直接卸载。我们希望那些没有参加过 IFS 正式培训的治疗师使用自己之前经过专业培训并比较熟悉的方式来处理。推荐大家参加真我领导中心（The Center for Self Leadership，CSL）提供的正式培训，通过体验了解 IFS 治疗流程、如何实践并尽可能熟练地使用 IFS 模型，也邀请大家预约 IFS 治疗师体验。有关各种培训安排和 IFS 治疗师名单的更多信息，请访问 Self leadership.org 网站。

IFS 心智模型

　　IFS 疗法采用的是多元心灵范式：我们内在的世界由很多部分组成，这些部分之间相互作用，并与他人相互作用。此外，我们也都有核心资源，具有平静、好奇和关怀等特点，但这不是某个部分，施瓦茨博士将这种非部分资源定义为"真我"。他认为家庭治疗系统培训的重点是将个人的心理概括为一个系统，这与他从来访者那里得到的信息也是一致的。在内在系统中，儿童时期经历的很多创伤会以各种形式普遍存在，有的创伤难以避免，而在创伤发生时，内在一些部分会起到反应性的保护作用。IFS 致力于处理保护部分和受伤部分这两种需求。

IFS 专业术语

　　和所有心理疗法一样，IFS 为某些术语和短语赋予了独特的含义，以下是 IFS 语言词汇表：

　　5P：5P 是 IFS 治疗师需要具备的特质，包括临在（Presence）、耐心（Patience）、坚持（Persistence）、洞察力（Perspective）和有趣（Playfulness）。

　　6F：6F 步骤帮助保护部分与真我分离，包括发现（Find）、聚焦（Focus）、具体化（Flesh-out）、感受（Feel）、建立关系（be Friend）和探索恐惧（Fears）。

　　8C：8C 是真我的特质，包括好奇（Curiosity）、平静（Calm）、清晰（Clarity）、联结（Connectedness）、自信（Confidence）、勇气（Courage）、创造（Creativity）和关怀（Compassion）。

　　混合状态或未分化的状态（Blended or Undifferentiated）：混合状态是指一个部分没有和另一个部分或真我分离时的状态。

　　背负负担（Burdened）：由部分携带着的、卸载之前无法逃避的痛苦的信念与感觉，或因外在原因导致的身心上的痛苦。

　　负担（Burdens）：消极的自我信念（如我不值得被爱，我一无是处）

和强烈的、与创伤相关的感觉（恐惧、羞耻、愤怒），身体感受或幻觉（闪回）。

直接介入（Direct Access）：直接介入是与部分沟通的一种方式，也是代替内在各部分沟通的一种方式。当保护者很难分离时，治疗师可以直接与来访者的部分对话。在直接介入中，治疗师可以明确地与某个部分对话。例如，治疗师可以问："我可以直接与该部分对话吗？""你为什么要让约翰喝酒呢？"或者，当来访者拒绝接受某个部分，说"那是我，不是部分"时，治疗师的表述可以稍微含蓄一点，不需要和来访者强调自己在和哪个部分对话。和儿童的沟通一般会采用直接介入的方式（Krause，2013），有一些孩子也可以自己完成沟通。

情景再现（Do-Over）：情景再现是指来访者被放逐的部分把真我带回到过去某个曾被卡住的时间和地点，并在真我的帮助下完成那时需要做的一些事情。完成之后，如果部分准备好了，真我可以带着部分离开那个场景，回到现在。

内在沟通（Internal Communication）：这是成年人与部分沟通的主要方式，内在沟通要求来访者意识到部分，这时通常会有视觉、动作或听觉的体验，并有足够的真我能量与部分直接沟通。当保护部分阻止内在沟通时，治疗师可以直接访问保护者。

部分（Parts）：部分是内在世界中真实存在，独立运作，具有完整的情绪、思想、信仰和感觉的"子人格"。这些真实存在的部分在外表、年龄、性别、天赋和兴趣上各有不同，当它们感到被理解和欣赏时，会释放自己蕴含的能量。它们存在于内在系统中并且扮演着各种角色。如果没有被放逐或在管理被放逐部分的过程中没有发生冲突时，它们会以各种各样的方式帮助内在系统整体有效地运作。

三大部分

根据各部分之间的相互关系，IFS 将它们分为三大类。**脆弱部分或**

被放逐者，是影响其他部分行为的主要原因。围绕被放逐者运行的有两类保护部分：一类是积极主动的保护者，被称为**管理者**，它们的主要作用是维持日常功能，但并不顾及被放逐者的感受如何；另一类是反应性的保护者，被称为**消防员**，它们的作用是分散和抑制被放逐部分的情感痛苦，尽管管理者尽了最大的努力，这种痛苦有时还是会爆发。

1. **被放逐者**（Exiles）：被放逐者这部分表现在童年时期的情感、信念、感觉和行为中，它们曾经被羞辱、抛弃、虐待或忽视，随后为了它们的安全而被保护者放逐，防止它们因情感痛苦导致内在系统崩溃。为了保证被放逐者不被察觉，内在系统需要消耗大量的能量。

2. **积极主动的保护者或管理者**（Proactive Protectors or Managers）：它们专注于学习、工作、准备和稳定。它们高度警惕，以防被放逐者被触发，情绪充斥整个内在系统。因此，它们努力工作，使用各种各样的策略——尤其是坚决、无情、批评，有时甚至是羞辱——让我们以任务为导向，不受情绪的影响。

3. **反应性的保护者或消防员**（Reactive Protectors or Firefighters）：消防员与管理者有着共同的目标：它们想要放逐脆弱的部分，扑灭情感上的痛苦。然而，消防员是应激性的，尽管管理者在努力压制，一旦被放逐部分的记忆和情绪爆发，它们就会被激活。这时消防员往往非常凶猛，会采取管理者痛恨的极端措施，比如酗酒、吸毒、暴饮暴食、过度购物、滥交、自伤、自杀，甚至杀人。

两极化（Polarization）：两个相互对抗的保护者在管理被放逐者方面产生冲突。随着时间的推移，它们之间的对立往往变得越来越极端，代价也会越来越大。不过，当来访者的真我认可每个部分的意图和贡献时，极化的保护者通常会愿意让真我接管照顾、保护和接回被放逐者的工作。之后，保护者就可以从繁重的工作中解脱出来，在内在系统中找到它们喜欢的角色。

　　卸载负担后（Post-unburdening）：卸载负担后的三到四周是生理和情绪变化巩固的窗口期。

　　卸载负担后确认保护者状态（Protector Check-in After Unburdening）：邀请保护者尝试一些新的工作——允许来访者的真我陪伴、疗愈和保护被放逐者。

　　带离创伤场景（Retrieval）：当被放逐部分以它需要的方式被看见之后，会离开过去（事实上，它在时间上一直是冻结的），来到当下。

　　真我（Self）：我们每个人的内在都具备能够带来平衡与和谐，以及不带评判的、具有转变能力的品质（好奇、自信、创造、勇气、平静、联结、清晰、关怀、临在、耐心、坚持、洞察力、有趣）。虽然部分可能会与真我混合在一起（这时候部分会压倒真我，因此我们无法区分它们），但真我是持续存在的，只要与部分分离，就可以直接联结到。

　　真我能量（Self-energy）：真我带来的与部分之间关系的观点和感受。

　　真我领导（Self-led）：当一个人具备倾听、理解和陪伴部分的能力时，就会承认和欣赏部分在内在系统和与他人互动过程中的角色和重要性。

　　邀请新的品质（The Invitation for Exiles）：卸下负担后，部分可以邀请自己选择的品质来充满原本被负担占据的空间。

　　卸载过程（The Unburdening Process）：从整体上看，卸载过程包括见证、回到创伤场景、带离创伤场景、邀请新的品质、保护者确认的工作等。

　　未混合的或分化的、分离的（Unblended or Differentiated, or Separated）：未混合的是指真我未被情绪、思想、感觉、信念等部分压倒的状态。当未混合的部分保持独立存在、可联结而又不争夺控制的时候，我们就能联结到真我品质，体验到内在的空间。

　　卸载（Unburdening）：通过特定的仪式，想象某种元素（光、土、空气、水、火等），释放被放逐者痛苦的情绪、创伤的感觉和严苛的信念的过程。

见证（Witnessing）：一个部分呈现或告诉来访者自己的经历，直到它感到被理解、被接纳、自我接纳和被爱。

IFS 中的模式转换

为了帮助大家深入了解 IFS 的概念，下面使用 IFS 疗法对一位创伤患者进行评估和初步诊断。

在第一次治疗前，塞丽娜在电话里简要介绍了自己，然后非常坚定地表示她不想花太多时间回顾过去，她认为问题的核心并不在童年。她提到以前的治疗曾试着谈论童年，但没什么帮助。目前她的主要困惑在于，她的德国男友现在要离开美国，与她分手，这激发了她特别强烈的情绪反应。

塞丽娜：我知道我们的恋爱并没那么认真，但就是忍不住想哭。

治疗师：你以前接受过心理治疗吗？

塞丽娜：是的，太无聊了，我以后再也不做这样的治疗了。

● 在这段简短的交流中，治疗师了解了一些关于塞丽娜的重要信息，用 IFS 模型描述如下：

  ● 塞丽娜有一个部分感到非常难过，但她并不知道自己为什么这么难过。

  ● 她和德国男友的关系可能是很随便的，也可能是某个保护部分认为这段关系并没有那么重要。

  ● 过去的治疗对她而言难以忍受，所以她的保护者发誓再也不让她回到过去了。

当她第一次来的时候，治疗师会把这些内容写在白板上，这样就可以和塞丽娜一起来回顾。

塞丽娜的部分：

- 无法停止哭泣；
- 不知道塞丽娜为什么哭；
- 认为和男友之间的关系并不重要；
- 再也不会去做之前的治疗了！

介绍与部分沟通的概念

治疗师：你提到了所有这些感觉和想法，我经常发现，当我们关注自己内心的这些感觉和想法并倾听它们时，我们就能了解到关于自己的重要信息，你愿意试一试吗？看看哪个部分最先需要你的关注。

塞丽娜：为什么我会一直哭？

切换到部分的语言，获得它们的允许后再继续

治疗师：很好，那我们就一起来看一看。先问问你的其他部分是否反对你帮助这个一直在哭的部分。

- 一旦选择了一个目标部分，就需要获得其他部分的允许后再继续。

塞丽娜：有点好笑，不过我听到有人大喊："我不想在这里！"

欢迎所有部分

治疗师：你的一个部分确实发誓过永远不要去治疗了，可以理解。还有什么想说的吗？

- 邀请极化部分（可能不同意的部分）参与有助于提供关键信息并预防可能会破坏治疗的冲动。

塞丽娜：我想是的。

治疗师：对于不想待在这里的部分，你有什么感觉？

塞丽娜：有点好奇。

- 这种愈发开放的态度表明我们可以继续探索。

—————— 记得目标部分 ——————

治疗师：好的，首先告诉那个一直在哭的部分，我们会再来看它的。

- 和家庭治疗一样，我们需要保持礼貌，并接纳所有的部分。

塞丽娜：好像是那个不想来的部分在哭，但我不知道是怎么回事。

治疗师：你想知道是怎么回事吗？

- 检查她是否带着好奇心，是否愿意听到这些信息。

塞丽娜：是的。

- 塞丽娜的内在体验已经成功转变为好奇和观察自己，没有太多的恐惧和评判。

—————— 建立联结 ——————

治疗师：问问那个不想让你待在这里的部分，听听它想说什么。

塞丽娜：它担心我无法承受这一切。

- 塞丽娜有一个保护部分，她害怕如果给予哭泣部分关注可能会导致她接管内在世界，这样她就会被消极情绪淹没。

治疗师：你能理解这种担心吗？

- 再次确认塞丽娜的真我是否在线（即是否足够的好奇），以便听到更多在痛苦中哭泣的部分。

塞丽娜：在我 5 岁的时候我的母亲遭遇一场车祸，去世了。但是我已经不记得她了，所以从来没有想过这件事。

● 塞丽娜现在开始觉察到自己的部分，而不是孤立的或不知所措。这个 5 岁的孩子在她母亲去世后被放逐，保护者们（其他部分）使这个 5 岁的孩子远离她的意识。

治疗师：我们可以帮助这个 5 岁的孩子，不会让你陷入。

● 治疗师开始向保护塞丽娜的部分保证，5 岁的她可以分离，以便安全地帮助她。

在第一次见面后，治疗师意识到：塞丽娜的创伤部分是一个 5 岁的孩子，由于母亲在车祸中死亡，她的生活自此被颠覆了。保护者们一直让这个 5 岁的部分被遗忘。而那个几年前让塞丽娜停止心理治疗的部分对她现在重返治疗感到不安，因为这个痛苦的 5 岁小女孩出来可能会使她情绪失控。

尽管治疗师了解了这一切，但仍有许多事情是未知的：塞丽娜的内在和外在系统对母亲的死亡有何看法？她可能有某个部分或者实际生活中的其他人，认为她对此有责任；她可能信仰上帝、惩罚、安全和命运；她可能有某个部分会感受到幸存者的内疚（比如，认为比母亲更幸福或更长寿是一种背叛），或者是有对分离感到内疚的部分（例如，认为长大并离开父亲会伤害到父亲）。这种初步评估只是一个开始。有很多信息需要进一步了解，治疗本身就是一个学习的过程。

IFS 治疗的目标

IFS 治疗的每一步都有目标。在每一个点上，治疗师都会协助来访者帮助来访者自身部分。首先，来访者帮助他们的保护部分分离出来。其次，来访者和保护部分成为朋友，并得到它们的允许来帮助脆弱部分。最后，来访者与脆弱的部分建立积极的关系，见证它们的经历，帮助它们放弃那些极端的、有害的感觉和信念，这样就可以治愈。完成这一里程碑可以释放保护部分，腾出空间来帮助脆弱部分重新整合，并恢复真我作为内在系统领导者的地位。

两类保护部分：主动保护和被动保护

主动保护部分

所有的保护部分都在试图放逐脆弱的受伤部分强烈的负面情绪和信念，以避免更多的伤害，保护我们的安全。然而，保护者的不同之处在于，它们对情感痛苦的反应要么是主动的，要么是被动的。

我们称积极主动的保护者为"管理者"，它们试图不让情感痛苦进入意识，用这样的方式来管理我们的生活。它们经常专注于激励我们提高，努力工作，富有成效，并为社会所接受。然而，在极端情况下，这些目标可能会演变为完美主义、过分理智、片面照顾、过分关注外表、以极大的个人代价避免冲突、试图控制或取悦他人等策略。

被动保护部分

我们称反应性的保护者为"消防员"，它们不考虑后果，只是想尽快转移或停止情感痛苦。这些保护者的行为就像饮鸩止渴：需要的时候立刻就要使用。这些行为包括暴饮暴食、清除、上瘾、麻木、分离、自残以及和自杀有关的思想和行为。

主动保护者的警告

虽然主动保护者（管理者）通常看起来是在管理，但任何用于预防情绪痛苦的行为都是主动的。例如成瘾和隔离，通常是反应性行为，用于分散强烈的负面情绪，也可以阻止情绪的产生。如果一个人从偶尔的放纵发展到每天喝酒，他的反应性行为是为了通过饮酒来抑制情绪。如果一个人隔离了一些感觉，变得麻木和超然，那么这种反应性行为也是在主动预防痛苦。极端的保护者很可能以这种方式变得主动，应对即将到来的情绪威胁。在 IFS 中，我们并不试图控制或管理这些极端的保护者，而是提供解决根本问题的方法。

脆弱的部分：被放逐者

当孩子感到羞愧时（通常发生在人际互动中，但也有其他可能），脆弱的部分特别容易形成极具威胁的、压倒性的信念，比如"我不值得被爱"和"我一文不值"。同样，当经历令人恐惧、超出承受能力的事情时，我们最脆弱的部分会感到失去了意义。这时保护者会介入，从意识中清除这些有害的信念，这样就会将脆弱的部分困在过去，最终在孤独中被遗忘。它们渴望得到帮助，但当它们带着消极的感觉、信念、情绪和记忆进入意识时，保护者会再次将它们视为危险而放逐。IFS 治疗师明白，被放逐的部分并不是来访者的伤口。我们看到很多带着脆弱的部分来寻求帮助的来访者，一旦卸载了创伤带来的信念负担，这些部分将恢复到好奇、创造和有趣的自然状态。他们的活力和自发快乐的能力将以独特的方式帮助来访者生活，成为像玛莎·莱恩汉（Marsha Linehan）所说的"过值得过的生活"（1993）。

定义真我

真我是心灵平衡的核心，是意识的所在地和爱的内在源泉。每个人都有真我，像光具有波粒二象性一样。真我可以以某种感觉状态（好奇、平静、勇气、关怀、爱）的能量出现，也可以以个人临在的感觉出现（Schwartz，1995），但为来访者介绍真我最为简单的方式是"不是部分的那个你"（我们将在本手册中使用）。因为某个部分和真我分离并建立关系时，会感到被爱，而爱可以提供持久的耐心来面对不被接纳的状况，所以 IFS 治疗的首要目标是接近真我。作为一种存在方式，真我的能量帮助我们和来访者采用平静、好奇和开放的态度面对内在体验。对一部分人来说，这种做法本身就具有精神力量，而对另一些人来说，它仅仅是有效的。

接近真我

虽然极端的保护者可以阻止我们接近真我，但真我并不需要培养或发展。一些冥想练习和大多数传统方法以及一些其他的心理治疗模式，尽管使用不同的语言，却都有一个类似于真我的核心智慧和平衡的概念。IFS 治疗的目标是治疗师和来访者都能以波的形式联结真我能量，并以粒子的形式与真我建立关系。作为治疗师，我们需要全然地陪伴来访者，关注那些起反应的内在部分的需求，但要与这些部分保持距离。

严重的创伤和真我

在严重创伤的案例中，我们需要用"系统的真我"来思考，即治疗师和来访者是一个系统，通过治疗师的真我联结真我能量。例如，患有分离性身份识别障碍（dissociative identity disorder，DID）的患者，可能在数月或数年里很少或根本无法接触到真我，因此治疗师必须充当治疗系统中的真我。随着内在依恋的形成和内在关系的修复，来访者可以更多地接近真我，治疗师就可以逐渐转向更具有支持性的角色。当来访者和真我建立了足够的联结时，治疗师会将接力棒传递给来访者，这时可能需要向内在的保护者（它们通常年龄比较小，也受过创伤）明确表示治疗师并不会消失。

当一个被放逐者遇到真我并变得疯狂时

在创伤中，当保护者第一次允许来访者的真我介入被放逐的脆弱部分时，脆弱的部分通常会以不信任或愤怒的方式回应。

- "这么长时间你去哪儿了？"

- "如果你在，为什么要让我经历这一切？"

如果这种情况出现在治疗快结束时，我们通常会在下次咨询中继续探索相同的部分和主题。

- 这部分是否想要更多地向真我表达孤独的感受？

- "感受到被抛弃是什么感觉？"

- "期待早一点重逢，是什么感觉？"

为了回应这些被抛弃的部分的合理诉求，我们会花时间修复它与来访者的真我之间的关系。

- "对不起，我不应该抛下你。我很抱歉没有早点到这儿来。你过得怎么样？"

- "我现在就在这里陪着你，你需要什么？"

IFS 中的假设

1. 所有部分都带着良好的意图，即使是那些在行为上看起来很恶劣的部分。因此，我们欢迎所有部分，以积极敞开的态度面对治疗。

2. 我们对伤害的心理反应是可预测的：当脆弱的部分感觉受伤时，其他部分会发挥保护作用。

3. 尽管有些保护者看起来是病态的，但保护部分的应对方式是可以预测的。

4. 一旦与来访者的真我建立联结，就可以重新整合和平衡曾经被破坏的、不稳定的内在系统。

5. 真我既不能被创造也不能被培养，更不能被摧毁，它与生俱来并一直存在。

6. 每个人都有真我，每个人都可以通过联结真我获得疗愈。

评估：部分与病理学

　　心理健康评估通常是根据专业委员会选择的一系列症状列表来进行诊断的，例如双相情感障碍、精神分裂症、分裂情感障碍、抑郁症、创伤后应激障碍、焦虑症、强迫症、饮食失调、成瘾和一系列"人格"障碍（美国精神医学学会，2013年）。IFS从一个完全不同的方向来指导和评估来访者的功能和潜力。人类的心理活动是非常复杂且多元的，所以我们也需要从多种角度来评估各种行为。治疗伊始，我们倾听来访者内心的某个部分面对问题或烦恼，然后问问这个部分是否允许我们和其他相关的部分聊一聊，接着问这部分能否分离出来，给真我一些空间，帮助我们继续探索保护者是如何保护来访者的，它们担心的是什么，以及被放逐者真正需要的是什么。

首先，你的来访者感到安全吗？

在治疗开始之前，我们需要评估来访者此刻的安全感，如果安全感不足，首先需要聚焦在安全感上。通常，寻求治疗的来访者一般都带有创伤，可能会由于各种原因，比如因经济和社会资源的匮乏而感到不安。当然人身安全（食物、住所和不受暴力搅扰等）可以为内在探索提供良好的支持。但这也并不意味着我们无法帮助到那些正在遭受营养不良、无家可归、没有医疗保障，甚至处在危险关系中的人们。

在这些情况下，我们通过帮助来访者寻求一些合适的外部资源（普及家庭暴力相关的知识，获得安全的居住环境、稳定的食物来源和医疗保障等）来帮助他们建立外在的安全感。同时我们还需要帮助来访者关注内在的各个部分并建立和谐的内在关系，带着关怀和善意去帮助每个部分。下面分享一个家庭暴力的案例。

乔西：我们吵了起来，他抓住我的头发，将我拖进卧室。

治疗师：这种情况以前发生过吗？

乔西：发生过一两次。

治疗师：你的感受如何？

乔西：我感觉自己非常分裂，心都快跳出来了。我非常害怕，不知道他接下来会怎么对我。同时又特别愤怒，不断地朝他尖叫。

治疗师：你说了什么？

乔西："你就不像个男人"，还有其他类似的话语，这肯定会激怒他。我也打他了，尽管我知道这样做很不明智，但我就是停不下来。

治疗师：和喝酒有关系吗？

乔西：有可能，如果没喝酒，这件事可能就不会发生了。

治疗师：好的，我可以提些建议吗？

乔西：可以。

治疗师：接下来我们可以聊一聊，关于你回家后的安全问题。首先，这件事情到此为止了吗？家暴发生后你们之间通常是怎么相处的？我们可以一起为你的安全做一个计划。我会把家庭暴力热线的电话号码给你，这样你就可以在回家之前和他们一起来做准备。然后下周我希望能和你内在与这件事情相关的所有部分交流一下，这样我们就能了解各个部分都有什么感受和想法。你觉得怎么样？

乔西：挺好的。我感觉心里平静多了。

对话之后，治疗师可以和来访者一起建立以下指导方案：（1）避免暴力再次发生；（2）如果可能，避免暴力升级；（3）提供其他支持，如与家庭暴力保护中心取得联系。避免暴力升级可能在被激发的时刻很难做到，除非来访者的真我可以带领内在系统，否则关系就很难缓和，而她的伴侣可能在任何情况下都不愿意或者无力缓和关系。我们的长期目标是帮助真我和保护者分离，这样真我就可以在外在和内在世界里发挥领导作用，但这需要时间。我们帮助来访者全面地了解内在系统，不评判或放逐任何部分，包括那些与暴力伴侣有关联的部分和对此感到愤怒的部分，以及那些对短期和长期应该做什么有不同意见的部分。

初步评估

在治疗开始时，了解来访者之前，我们会进行初步评估。带着好奇一起探索来访者的内在体验，确认其内在联结到真我能量的状态：内心是否敞开，空间有多大？变化得快不快？感觉有多重？内在的感觉是明亮的还是灰暗的？内心是平静的还是激动的？对我们来说，这些不受身体影响的存在状态，仅次于内在关系。多元的心智模式引导我们带着好奇探索来访者的内在关系。他是如何对待自己的？他可以善待自己吗？他是受自我批评驱使，还是经常逃避？如果是这样，是什么原因呢？自我批评是如何保护他的？逃避在系统中起了什么作用？相信我们一旦了解他，了解他的体验形成的背景，就更能了解他症状性行为的意义所在。

IFS 评估永无止境

IFS 治疗的首要目标是加强与真我的联结，感受和调用智慧的能力。在治疗开始和整个治疗过程中，我们都需要评估来访者和治疗师的真我能量水平。对治疗师来说，评估真我能量状态意味着：首先，也是最重要的是，当自己的部分被来访者的某个部分激发时，治疗师能保持自我觉察。其次，治疗师可以和自己触发的部分做工作，邀请它们退后，这样就不会影响治疗的进程。

我们需要过往经历的信息吗

在初步评估中，我们倾听来访者和当下问题相关的生命故事，对其过去的经历保持好奇，并且我们假设在治疗过程中的某个时刻，来访者的感受可以追溯到过去关于危险或安全的经历。尽管这段旅程对来访者的治疗至关重要，但我们要假设在治疗前并不了解这些故事。此外，我们并不需要这些信息来完成治疗工作。无论来访者分享经历的程度如何，我们都可以帮到他。

医学模式与心智模式

除了创伤后应激障碍（PTSD）和分离性身份识别障碍（DID）之外，创伤幸存者还通常被诊断出其他一系列症状，包括抑郁、焦虑、边缘性人格障碍，或某种对酒精、药物、运动或食物的成瘾（Herman，1997；Herman & van der Kolk，1989）。这些诊断均列在《精神障碍诊断与统计手册》（最新版本为 DSM-5®）中。美国精神医学学会（The American Psychiatric Association，APA）开发了 DSM，将精神病治疗纳入科学研究。DSM 诊断是根据美国精神医学学会指定的专业委员会定期确定的症状列表制定的，目前这种做法仍然存在争议（Greenberg，2013；Fisher，2014）。然而，由于 DSM 术语一直被广泛使用，所以这种医学模式对心理健康领域产生着巨大的影响。

一种不同的创伤治疗方法

在 IFS 治疗中，我们简单地将 DSM 诊断视为描述被激活部分行为的各种方式。我们不把有症状的行为定义为病态，而是把它们看作应对问题、保持安全和生存所做的自发的努力。创伤诊断包括创伤后应激障碍、分离性身份识别障碍（van der Kolk，2011），还包括复杂性创伤或发展性创伤障碍（D'Andrea et al，2012；van der Kolk，2005；van der Kolk，2014），这些也在国际创伤应激研究学会（ISTSS）等机构广泛使用。

以下是 IFS 针对特定创伤诊断的观点，来访者在被诊断为上述某种创伤之前，可以用这些观点作为替代或补充。

- **边缘型人格障碍（BPD）**：这个诊断描述了被放逐者聚集在一起的画面，有幼年绝望的部分、内在逃避的部分、渴望支持和救赎的部分，还有经常会让人讨厌的保护部分、害怕过于亲密会导致危险的部分，以及相信死亡是结束痛苦的唯一方式的部分。

- **自恋型人格障碍（NPD）**：这一诊断描述了一个努力工作的保护者，举着一幅镀金的自画像，作为抵御羞愧之箭的盾牌，这种内心的羞愧源于认为自己不好的感受。

- **抑郁**：情绪障碍是可以遗传的，但并非所有的创伤后抑郁都是遗传性的。抑郁症会抑制身体的感受信号，使身体和情感对经历的痛苦变得麻木。保护者通常想要抑制抑郁情绪的产生，在这种情况下，被放逐部分感受到抑郁是不被允许的，从而加剧了抑郁。

  - 在评估来访者的过程中，我们可以问以下问题："这是你感到抑郁（被放逐者）的一部分，还是出于某种原因利用或放大抑郁的保护性部分？"面对出现的各种部分，想要了解它们的唯一方法就是提问题。

- **焦虑**：正如气质研究表明的那样（Kagan，2010），遗传基因会让我们变得容易焦虑。和抑郁症一样，保护者可以通过推动这个杠杆施加影响。

  - "这是一个感到焦虑的部分（被放逐者），还是由于某种原因放大了焦虑的部分（保护者）？""许多保护部分都根植于恐惧，并带有一定程度的焦虑。我们可以继续通过问题寻找答案。"

- **强迫症**：强迫行为通常是为了控制焦虑。对创伤患者而言，重复强迫性的行为会分散他们对痛苦的注意力。如同抑郁和焦虑一样，想要知道某种行为是如何运作的，或者它可以告诉我们怎样的生命故事，提问就好了。

- **反社会人格**：除了脑损伤可能产生反社会人格，一般情况下，反社会人格是一个保护部分（Schwartz，2016）。反社会部分有一个类似望远镜一样的焦点和避免内心感受到脆弱的决心，非常偏执和极端。它们由于不想感受到自己的虚弱，所以拒绝同情和关怀。虽然它们保护着自己认为是无能和软弱到无法忍受的被放逐者，但是它们往往会和其他被它们认为是软弱或需要照顾的部分形成两极化。关于这个话题，施瓦茨博士这样写道：

- "行凶的部分可能一直无法分离，在这种情况下，来访者可能符合 DSM-5 反社会人格障碍的诊断标准。当行凶的部分始终无法分离，来访者无法联结其他部分时，我们认为它是一个管理者，而不是消防员。"（2016，p.113）

成瘾障碍

- **药物或酒精**：使用药物或酒精来转移情感痛苦的反应性保护者也可以成为积极的保护者，他们使用药物或酒精来避免任何感觉。这个成瘾的部分并不是一个孤独的演员，它会跟随内在世界的变化动态进行调整。

  - 西克斯（Cykes，2016）阐述了 IFS 的观点："我并没有把成瘾定义为某个行为的一部分，而是将其定义为一种系统的循环过程，其特征是两个保护团队之间的权力斗争，每个团队都勇敢地努力维持内在系统的平衡。其中，一个团队是批判和指责的，另一个团队是冲动和强迫的。它们长期的斗争不断升级是为了阻止情感上的痛苦。"（p.47）

- **饮食失调**：饮食失调的研究显示了保护者的极化：一方面过度进食，另一方面抑制进食。**贪食症**包含了极化的两个方面；**厌食症**表明抑制进食部分占主导；**暴饮暴食**表明过度进食部分占主导；**过度运动**表明抑制部分占主导。

  - 卡坦扎罗（Catanzaro，2016）描述了关于饮食失调现象的 IFS 视角："饮食失调保护者总是分化成两极阵营：一极阵营推动对身体的限制和控制，另一极阵营拒绝这种限制和控制。它们通过'拔河'

让来访者无法意识到强烈的负面情绪和被放逐的记忆。虽然一个人特定的饮食失调诊断取决于在任何特定的时间内哪部分占主导地位，但主体症状总是包含抑制与反抑制之间的辩证关系。"(p.51)

治疗的第一步需要优先考虑过程而非内容

在完成最后的卸载之前，相比于内容，我们更加关注过程。我们想要了解各部分之间的内在关系、议程和它们秉持的信念。这与在治疗早期试图给来访者症状等内容下结论有很大的不同。下面三个场景演示了当来访者希望讨论诊断时，如何开展 IFS 治疗。

来访者对诊断的看法

场景 1 ○●●

西蒙：我想知道我是否患有精神分裂症。

治疗师：确认一下，你有一个部分很想知道我是不是认为你得了精神分裂症？

西蒙：是的。不知道你是不是这么想的。

治疗师：还有其他部分想参与到这个对话中来吗？

西蒙：我问一下。

治疗师：你注意到其他部分了吗？

西蒙：确实有一个部分不想听到这些。我真是疯了才会提起这件事。一听到"我有精神病"这种话我就想喝酒。

<h2 style="text-align:center">场景 2 ◦●●</h2>

治疗师：确认一下我是不是听明白了。你有一个部分想知道我是不是认为你得了精神分裂症？

西蒙：不完全是。它想知道你是否有足够的证据证明我是精神分裂症患者。

治疗师：它还想说什么吗？

● 当我们不确定下一步该做什么的时候，直接询问来访者就好。

西蒙：它认为如果得到诊断，我就能好起来。

治疗师：有不同意的部分吗？

<h2 style="text-align:center">场景 3 ◦●●</h2>

治疗师：你有一个部分想知道我是不是认为你得了精神分裂症？

西蒙：有一个部分在怀疑是否应该信任你。

治疗师：所以你有一个部分想知道我是否值得信任？

西蒙：是的。

治疗师：这部分对你的诊断有什么看法吗？

西蒙：有。

治疗师：它愿意分享吗？

西蒙：如果你说我得了精神分裂症，这些部分就不会相信你了。

正如这三个场景所展示的，当我们对来访者针对诊断的观点感到好奇时，就能够了解来访者内在世界的讨论，并避免陷入激烈分歧的某一方（我们称之为"极化"）。

IFS 中的评估和诊断

在 IFS 治疗中，我们总是欢迎来访者的所有症状，首先了解保护部分，并且我们知道创伤部分已经被放逐了。为了评估和诊断，我们需要了解内在系统的关系和动机。无论来访者表现出什么症状，我们都确信有一种可预测的、共通的心理结构。在这种心理结构中，保护者的目的始终是隐藏情感脆弱的部分，保护它们不再受到伤害。最终，尽管保护部分一直关注着过去和未来的创伤，真我总是可以治愈旧的创伤并在危险的环境中发挥领导作用。

虽然我们可以将对来访者各个部分的观察与 DSM 诊断标准进行对照，以便与其他的治疗师沟通并方便保险计费，但在 IFS 治疗中，我们并未按照 DSM 诊断标准将客户呈现的问题定为病理性结论。相反，我们探索每位来访者内在各个部分之间的关系，了解每个部分的动机并询问保护者害怕的原因，这样我们就能发现每位来访者独特的内心地图是如何映射出我们基本的内心模式的（内心模式复杂多样，多样性体现在内心由部分和真我组成，创伤后的应对则包括保护者和被放逐者）。

当我们评估来访者寻求治疗的初衷和他所呈现的问题时，我们就开始通过支持保护部分的积极意图，将保护者介绍给来访者的真我，来与其内在系统建立关系。在适当的时候，我们也会向来访者提供到达目标的路线图：

- 任何部分都不需要被放逐或牺牲。
- 你将有机会为持续使用无效行为来解决问题的内在系统提供一个新的解决方案。
- 如果你的部分愿意接受真我带领，它们的情感痛苦最终会被治愈，它们会感到更加自由。

心理学与生物学

当我们评估来访者内在世界的关系和他们的保护部分时，我们会假设保护部分是导致症状性行为的原因，这些部分会利用生理上的脆弱，呈现出某种气质、遗传或身体问题。大部分心理健康问题同时受身心两方面因素的影响。IFS 治疗关注并梳理被激发的部分和对身体产生影响的部分所产生的问题。我们只能通过采访，提一些问题来了解这些部分，而不需要假设或归纳，这样常常会出错。

例如，某个人可能有一个抑郁部分，他的抑郁源于面对内在评判时引起的羞愧感。这时，羞愧感是被放逐者。而另一个同样有抑郁部分的人可能还会有一个放大抑郁的部分，避免出现危险，这个部分让他待在家里，那么这个部分是保护者。还有的人其抑郁可能源于身体问题。我们需要通过问询来了解这些部分的内在关系，比如谁对谁做了什么，为什么这么做。下面的案例是一位一直饱受胸痛困扰却没有明确医学诊断的来访者。

治疗身体症状

-------------------------------- 发现 --------------------------------

杰伊：我没有任何感觉。

治疗师：请继续说。

杰伊：当你或者任何其他人（包括我的妻子和孩子）询问我的感受时，我都不知道该如何回答。我的感觉好像和大多数人不一样。

治疗师：你想探索一下这个部分吗？

● 请求来访者的允许。

杰伊：可以。

治疗师：你可以闭上眼睛吗？很好，留意此刻出现的任何想法、感觉或身体的感受。

- 从身体开始。

杰伊：好的。

- 几秒钟后，杰伊睁开了眼睛。

杰伊：我感到胸部很疼。

———————————— 聚焦 ————————————

治疗师：把注意力集中在胸痛的感觉上，看看有什么发现？

- 继续请求来访者的允许。

杰伊：这个胸痛发作已经好几年了，曾去看过几个医生，他们都
说没什么问题。有一次我甚至以为心脏病发作了，叫了救
护车去急诊室，但那次仍然没有检查出任何问题。

- 杰伊完全没有意识到导致疼痛的心理原因，这说明躯体化通常
代表着保护部分非常强大。

治疗师：你愿意带着好奇深入地感受胸痛的感觉吗？我相信身体
感受蕴含着重要的信息。

- 再次请求允许。

———————————— 具体化 ————————————

杰伊：好的，我试试看。

- 几分钟后。

杰伊：我看到自己是一个8岁的男孩。

- 某个部分开始向杰伊展示它的生命故事，我们称之为"见证"。

治疗师：你看到什么了？

杰伊：那天，我的爷爷去世了。

治疗师：你看起来有些迷茫。

杰伊：是的。

--------------------------- 建立关系 ---------------------------

治疗师：你愿意继续探索吗？

杰伊：我愿意。

● 杰伊闭上眼睛，显得非常安静，泪水夺眶而出。

杰伊：对我而言，爷爷非常重要。在我 4 岁的时候，父亲就离开了，所以爷爷代替了父亲的角色。

治疗师：这件事和胸痛有什么关系吗？

杰伊：我想是有的，但我并不了解具体是什么样的关系。

治疗师：你愿意继续探索吗？

杰伊：现在对这个部分特别好奇。

治疗师：带着好奇关注胸痛的感受，问问它想告诉你什么。

杰伊：听起来挺奇怪的，但我感受到胸痛在帮助我不要去感受。

● 胸痛是一个保护部分。

--------------------------- 探索保护者的恐惧 ---------------------------

治疗师：可以问问它，为什么没有感受对它来说如此重要？

杰伊：我看到自己在卧室里用两个椅子搭建了一个堡垒——在椅子下面，我用毛毯搭了一个洞。当我感到难过的时候，我经常会去那里。

治疗师：你能理解这个部分吗？

● 确认杰伊面对小男孩时的真我状态。

杰伊：完全理解。

治疗师：告诉它你就在这里。

见证被放逐者过往的经历

杰伊：我成长的家庭是不擅长表达情感的，爷爷去世后的第二天，妈妈就为哥哥办了一场生日宴会。她布置桌子，包好礼物，还做了蛋糕，她的人生态度就是人生总是要继续的。

● 杰伊现在注意到小男孩曾经经历过多么严重的痛苦情景，它说话时用的是第一人称，说明它是从小男孩的角度来看待这段经历的。但这并不是我们所说的"未分离"的体验，因为小男孩觉得杰伊和它在一起，它很有信心向杰伊的真我展示自己经历过的事情。

治疗师：面对这些，它有什么感觉？

杰伊：我感到太混乱了，我认为爷爷去世后马上办派对这件事做得太离谱了，这让我感觉世界末日都要来了。我的弟弟也非常痛苦，胸部的疼痛帮助我度过了那段混乱的时光，所以我无法联结到这些感觉。在这一点上，我深受困扰。

● 胸痛是一个部分。从技术层面上来讲，我们认为胸痛是小男孩保护部分的一个子部分（部分还可以再分为子部分）。但由于杰伊和小男孩的真我是同步的，我们就可以将胸痛作为一个部分来看待，这样更简单有效。

治疗师：面对胸痛，你的感受如何？

● 确认杰伊面对这个保护部分时的真我能量水平。

杰伊：我很感激它为我所做的一切，看到我这样想，它也很开心。

治疗师：我想知道胸痛部分是否希望换一个轻松一点的工作？

● 邀请尝试新的处理方法。

杰伊：我确实感觉到它很累。

治疗师：如果它能让我们帮助这个男孩面对这些情绪，我们就能回到过去解救它。

杰伊：小男孩很想这么做。

治疗师：我们来问问胸痛是否可以让你帮助这个小男孩。

● 我们总是要征求保护部分的同意。如果我们忘记了，它们会跳出来。

再次见证被放逐者的经历

杰伊：好的。我能看到它在卧室中的堡垒里。

治疗师：当你看到它时，你的感觉如何？

● 确认杰伊的真我能量。

杰伊：我非常爱它。

治疗师：它收到你的爱了吗？

● 确认小男孩和杰伊的真我之间的联结。

杰伊：哇，它抬头看着我，笑了。

治疗师：很好。它想告诉你什么呢？

杰伊：它看起来很伤心。

治疗师：你觉得自己可以承受这些感觉吗？

● 确认杰伊保护部分的反应。

杰伊：有点紧张。

治疗师：告诉它我们是来帮助他一起面对悲伤的。每次和它分享一点点，不要一下分享太多，不然它会感到不知所措。

● 这是在沟通被放逐者可能会被淹没的情形。

杰伊：它觉得没问题。

治疗师：很好，就这样陪伴着它，允许它和你分享任何它想说的事情。

● 杰伊静静地坐了几分钟，见证着小男孩的悲伤，泪水顺着他的脸颊流了下来。

杰伊：它很伤心。因为父亲离开，爷爷去世，妈妈无法面对和处理自己的情绪，这些都让它感到特别难过。

治疗师：你能理解它吗？

杰伊：完全理解。

治疗师：它还有想分享的事情吗？

杰伊：我想就这些了。

● 当来访者使用"我想"这个词时，要留意这很有可能是有一个思考的部分出现了，这时我们可以让他直接向这个出现的部分提问。

治疗师：可以再继续问一问它。

杰伊：它说，胸痛是从爷爷去世的时候开始的，因为那时候自己感到特别孤独，没有爸爸和妈妈的陪伴，现在连爷爷也不在了。

治疗师：哦，它需要你做点什么呢？

杰伊：现在这样就可以了。

● 在杰伊换回椅子之前，我们就这样静静地待了一会儿。

治疗师：它准备好离开那个场景了吗？它可以和你一起来这儿，

也可以去其他让它感觉安全的地方。

杰伊：它想和我在一起。

治疗师：好的，你和它一起在卧室里吗？

杰伊：我去接它。

治疗师：很好，把它带到现在。

- 这叫作"带离创伤场景"。但进展似乎不是很顺利，杰伊现在皱着眉头。

治疗师：发生了什么？

杰伊：有些部分不想让我带它离开。

治疗师：问问这些部分为什么不想让它离开？

杰伊：小的时候我常常很沉默，好像是这个部分。

治疗师：沉默的部分想要一起离开吗？（杰伊点头。）太好了！可以把它和小男孩一起带到现在，但告诉沉默的部分，现在你需要一些时间和小男孩在一起，晚一点再来帮它。

- 沉默的部分也在保护小男孩。在卸载的过程中，有些保护者感到害怕时会跑出来。由于杰伊的真我能量非常充足，而小男孩也特别渴望能得到帮助，治疗师承诺会帮助沉默的部分，也很坚定地告诉它（沉默的部分）需要等一会儿。

杰伊：它有些犹豫，但还是愿意这样做。

治疗师：很好，它很快就可以和小男孩在一起。

杰伊：小男孩现在紧紧地抱着我。

治疗师：你觉得这样可以吗？

- 确认杰伊的真我能量。

杰伊：我们俩都感觉挺好的。

治疗师：非常好！

杰伊：我们现在在女儿的卧室里，它特别想来这里。

治疗师：你觉得可以吗？问问它是不是已经把所有想让你知道的都告诉你了。

● 确认见证的过程是否完成。

杰伊：是的。

治疗师：它准备好放下所有的负担了吗？

● 见证之后，我们会确认被放逐的部分是否准备好"卸载"或是放下曾经有害的信念和极端的感受。

杰伊：是的。

治疗师：好的，让它扫描一下身体，看看是否已经准备好放下所有的想法、感受和身体的感觉，想怎么做都可以。

● 邀请被放逐的部分来做这些决定。

杰伊：它想用篝火把这些全部烧掉。

治疗师：好的，烧掉之后请告诉我。

杰伊：现在感觉到很自由。

治疗师：太棒了。现在他在干什么？

杰伊：它非常开心，想去玩。

治疗师：现在我们邀请胸痛和沉默的部分，以及所有一直在保护它的部分。让它们看一看小杰伊。

杰伊：看到它现在这么开心，它们感到非常震惊。

治疗师：它们知道小杰伊和你在一起是安全的吗？它们需要什么呢？

杰伊：特别奇怪，胸痛想去做运动，比如骑自行车。而沉默的部分想要做静观。

治疗师：很好。你觉得可以吗？如果你觉得可以，那么它们就可以这么

　　　　做。在下周我们见面之前，你可以每天去看看它，照顾他吗？

杰伊：当然可以。

正如我们所看到的，多年来，杰伊的身体症状一直在保护他免受情感上的痛苦。短期内用一种痛苦代替另一种痛苦是有效的，但很显然，用这种方式处理情感上的痛苦不是一种成熟的解决方法。因为身体的疼痛会让我们困惑、担忧、筋疲力尽，而且不能从根本上消除痛苦的情绪。保护者的行为一般是在成长过程中形成的，通常发生在年幼的时候，认知能力非常有限，在很大程度上会受童年环境中各种限制因素的影响。

IFS 对治疗师的帮助

作为一名心理治疗师，如果你感受到自己被内在的恐惧、自卑和羞愧所搅扰，那么 IFS 可以帮助你缓解。

- IFS 治疗师并不需要给出合理的解释，构思任务、迫使来访者面对过去或者重新组合来访者破碎的信息和人格。
- 找到真我，我们每个人都有一张路线图。尽管我们知道实现目标的步骤，但真我就像内在的导航仪，当我们感到失落或困惑时，我们可以回到源头，带着好奇心看看在那个时刻发生了什么，再利用我们的创造力去面对那些偏航的时刻。
- 我们将"对抗"视为至关重要的指示信息，而且我们不与极端的保

护者做斗争，所以 IFS 通常不会引起移情。（"很高兴你来了，你想告诉我们什么呢？"）

- IFS 致力于帮助来访者找到自己内在的力量，并与之联结，而不是依赖外界。
- 这种非病理性的定义可以帮助来访者获得更加敞开、好奇和联结的心态。真我本身就是和他们联结在一起的智慧的治疗师，越接近真我，他们感受到的安全和舒适感就越持久。
- 这样我们就有机会与来访者一起保持敞开、好奇和联结的状态。
- 当我们带着好奇来面对被来访者激发的内在部分，我们的觉知力也会提升。
- 我们将部分和真我分离，这对来访者而言是极为重要的邀请，他们由此学会承担风险并尝试一些新的方法。

IFS 疗法是一种典型的快捷治疗方法，它从一开始就明确欢迎所有症状并一一应对它们（或者用 IFS 的语言来讲，欢迎所有的保护者部分）。IFS 疗法敞开、包容的态度会增强来访者内在的安全感，当来访者感到安全时，其脆弱部分会更容易呈现。当这些保护者真切地感受到被来访者的真我看见并理解的时候（通常在 2～3 次治疗后发生），它们就会渐渐地放松。例如，一个有轻度至中度抑郁症的来访者（在他的保护者部分放松之后）会体验到明显的放松。

在 IFS 复杂型创伤（IFS Complex Trauma）研究中，研究人员对 13 位患有 PTSD 的被试⊖进行为期 16 周的 IFS 治疗。在治疗完成之后，只有其中一位仍被诊断为 PTSD。也就是说，根据创伤的严重程度和治疗师的水平，保护者部分可能需要几周到几个月的时间才会允许来访者的真我与脆弱部分接触。然而，一旦有了这个（能与脆弱部分接

⊖ 被试：心理学实验或心理学测验中接受实验或测验的对象，可产生或显示被观察的心理现象或行为特质。

触的）许可，来访者的真我见证脆弱部分过往的经历以及帮助其卸载过往负担的过程通过 1 ～ 3 次治疗就能完成。

来访者可选择 IFS 治疗

IFS 疗法已经被广泛并有效地运用于各种心理健康状况，包括但不限制于：创伤、分离、抑郁、恐慌、焦虑、饮食失调、强迫症、多动症、双相情感障碍、人格障碍和精神分裂症。它对于成人、小孩和有类似自闭症的特殊需求人群也非常有效。它还适用于夫妻治疗、群体治疗、儿童治疗和家庭治疗。我们最需要注意的一个原则是关于安全的：如果来访者的生活环境本身就非常危险或不安全，鼓励保护者部分卸下防御，与脆弱部分（受伤、被放逐的部分）联结会让来访者感到更不安全。在这种情况下，我们要把安全放在第一位。

与来访者转换至 IFS 治疗

大部分治疗师与来访者一起转换至 IFS 治疗前至少会用另外一种治疗方法。在这种情况下，我们建议你思考一下，现有的来访者里哪些人会愿意尝试新事物，然后再介绍 IFS 疗法，并邀请他试试看。你可以像以下这样邀请：

治疗师：你记得我前几周去参加了一个新疗法的培训吗？我对此印象深刻，就想到了你，不知道你愿不愿意试试。

莉娜：为什么会想起我？

治疗师：我先向你介绍一下这个疗法，这样解释起来会更容易一些，好不好？

莉娜：好。

治疗师：这个疗法叫内在家庭系统（IFS），俗称"部分心理学"。对我来说，这个疗法很棒的一点是，它认为我们每一个人的内在都有很多不同的部分。我们之前对此也谈论了很多，比如你说过你有一个部分，它特别想要一个孩子，否则就太晚了；也有一个不耐烦的部分，它会对米基感到十分的失望，认为他小时候就特别淘气，现在从幼儿园回来又太依赖你，抓着你的腿不放，对吧？然后你还有一个对于自己的不耐烦感到愧疚的部分。这个部分说你是一个坏妈妈，说你不值得拥有孩子，对吧？

莉娜：对，但这些我们都知道，有什么不同吗？

治疗师：这个不同之处在于我们不仅可以谈论这些部分（我以前从来不知道），实际上我们还可以与它们直接对话，你想试试吗？

莉娜：不确定，是要我做你的小白鼠吗？

治疗师：你会成为我的小白鼠，但是如果我觉得这样做对你没有任何益处，我是不会提出这个建议的。

莉娜：但是如果我和这些部分对话，然后它们也冲我讲话，它们可能永远不会闭嘴，这会让我的生活更加糟糕。

治疗师：我理解你的担忧。虽然我也刚开始学，但 IFS 练习过程是体验性的，我在自己身上做过几天试验。我听到了自己的部分，也与他们反复交流过。想象你是一个小孩，你和父母、姐妹一起去做家庭咨询。如果他们全都给你说话的机会，认真倾听并给予你需要的认可，这会让你更愿意还是更不愿意听他们讲话？

莉娜：更愿意。

治疗师：是的。这对于部分来讲是一样的。其实他们跟人类一样，需要被听到、被理解、被尊重。这会让他们更灵活，而不是更固化。

莉娜：现在就开始吗？

治疗师：好，现在就开始。还有，毕竟你最了解自己，如果愿意，我们可以一起学习。

正如这个案例所展示的，来访者（和他们的部分）对于治疗的本质和目的有一定的期待，通常都会对于一个新的治疗方法产生合理的担忧。施瓦茨博士把 IFS 治疗师称作"希望的传递者"，因为从治疗的开始到结束，我们都在向来访者传递一种尝试新的解决方案的想法。这个希望的传递者角色对我们说服现有来访者尝试 IFS 治疗尤其重要。

与新的来访者尝试 IFS 治疗

有时来访者会寻找一个特定的疗法，如 IFS，但是更多的来访者来治疗的原因只是为了感觉好一些。在治疗开始后，有些来访者只是想试试这个治疗师带来的感觉如何；有些来访者在来治疗时就是带着对治疗师所用理论和治疗方法的问题来的。在听说 IFS 之后，后者可能会欣然接受心理治疗的多种可能。反之，他们也可能会困惑或担忧。存在这部分是正常的，有些部分受过伤，有些部分具有保护性，但是它们都带着良好的意图。在我们鼓励来访者向内探索，聆听各个部分并与真我联结时，有些人会很愿意尝试，而有些人会非常谨慎。在我们的经验中，我们练习得越多就可以越来越包容各种情况的出现，也能更熟练地根据来访者的个人需求进行回应。

在开始治疗前先向新的来访者介绍重要的 IFS 概念

以下是在开始治疗前向新的来访者介绍部分和真我的案例。

治疗师：见到你很开心，洛根。为什么来到这里，我怎样才能帮助你？

洛根：唉，最近糟透了。这学期的课比较难，压力很大，我感到非常焦虑。即使我的女朋友在尽力帮助我写论文，我们还是经常吵架。这一切让我特别烦躁。

治疗师：听起来很有挑战。很高兴你来到这里。

洛根：对，我父母一直催我来做咨询，看看我哪里不对劲了。

治疗师：我可以很直接地告诉你，不要用"自己哪里不对劲"这种方式来看待自己。我看到的是你在非常困难的情况下依旧尽最大努力来尝试帮助自己。

● 治疗师对洛根的情况坚定地表达了"非病理"的观点。

洛根：谢谢！这也是我的想法。所以你会做些什么？

治疗师：我使用的治疗方式叫作内在家庭系统（IFS），俗称"部分心理学"。

洛根：我女朋友是学心理学的。IFS 是什么？

治疗师：IFS 有些不一样。在我的经验里，直接体验是最好的介绍，我可以展示给你看。

洛根：你不能先和我讲讲吗？

治疗师：当然可以。这个疗法认为我们有很多不同的部分。比如，我在这里工作与我在家里同孩子一起玩或者与朋友一起参加公路赛跑是不同的。这些部分就像是我性格中的不同方面。我有很多很多的部分。你能明白我的意思吗？

洛根：大概明白一点。

治疗师：讲讲我刚才听到的你的部分吧，也许会有些帮助。因为在这一方面我们是一样的，我们都有部分。举个例子，你刚才讲到有一个对学校感到焦虑与压力的部分，一个与你女朋友吵架而且看起来一直在生气的部分。你也提到了一个不同意你父母认为你哪里都不行的部分。然后很明显，你还有一个即使不同意父母的观点但是依然愿意来尝试治疗的部分。对不对？

洛根：对。

治疗师：所以我们都有很多部分，这些部分会担任各种角色并承担责任来帮助我们度过生活中的困难。这就是 IFS 与众不同的地方。如果你愿意，我们可以直接与你的部分对话。

- 治疗师将选择权交给洛根，实际上也是获得允许的过程。

洛根：听起来还不错，但是我害怕我会想得太多，回去的时候反而更沮丧了。

- 虽然有一部分感兴趣，但是另一部分——担忧的部分——发言了。

治疗师：我理解。我也不想你走的时候反而感觉更不好了。我可以分享给你一件事情吗？相信会对你做决定有帮助。

洛根：可以。

治疗师：我们的内在有一种力量在众多部分之外，会帮助我们度过困难的时刻。所以在你内心深处，你知道什么对自己来说是最好的，而且你有足够的内在资源。这些资源包括内在的智慧，就是你的真我。真我不属于任何一个部分。如果其他部分都愿意，我可以帮助你的部分见到真正的洛根。

- 治疗师介绍真我的概念。

洛根：它们不认为这是真的。

治疗师：我很高兴它们说出来了，因为我也不想它们仅仅根据我的话来做判断。我也想让它们知道，见到真正的洛根并不是让它们改变或者放弃什么，仅仅是了解真正的洛根能提供些什么。

洛根：好的，我试试。

治疗师：好，那我们从一个部分开始。你觉得谁最需要你的关注？

- 永远有一个目标部分。

洛根：那个在学校感到压力山大的部分。

治疗师：好的。将你的注意力转向内在，你可以决定要不要闭上眼睛。然后注意这种压力感，在身体的哪个部位，可以是身体里或周围的感觉。

洛根：在腹部。我总是感到恶心。

治疗师：你对这个恶心的感觉有什么感受？

洛根：说真的我希望它可以停下来。我知道我不可能总拿满分，但是我希望这个学期结束时我不会疯掉。

- 这是另外一个部分。

治疗师：这个想让它停下来的部分，听起来像是自己有想法的另
　　　　一部分。它愿意退后一步让你先倾听感到压力的部分吗？

● 治疗师在向另外一部分征求继续进行的允许。

洛根：好的。

治疗师：让它知道你想帮助它，但是如果它这样做，你没办法继
　　　　续帮忙。它愿意退后吗？

洛根：嗯。

治疗师：很好。现在对感到压力的这部分你有什么感受？

● 本书中提到的"对于……你有什么感受"是一个非常重要的问
　题。这是在评估来访者对于聆听这个部分的接纳程度，也就是
　评估来访者的真我能量水平。

洛根：有点好奇。我知道现在学校很糟，但是我以前也经历过这
　　　些。为什么现在它让我这么恶心和愤怒？

● 洛根现在是敞开心扉倾听的状态。

治疗师：那（感受压力）这部分现在怎么回答？

洛根：它在喊，"你不能失败！"

治疗师：它可以多分享一些吗？

洛根：可以。

治疗师：它愿意用说话来表达而不是喊叫吗？

● 治疗师开始将来访者和部分的对话正常化：不需要通过喊叫来
　表达。洛根的真我存在的时刻越多，这个部分就会越平静。

洛根：如果我真的愿意聆听它的话，它是可以的。

治疗师：你准备好聆听它了吗？

● 治疗师不能想当然，需要确认其他部分，是否真的愿意让洛根

聆听这个备受压力的部分。

洛根：准备好了。

治疗师：好的。让它知道你在听，它不需要喊你，你就可以听见。让它多说点，问问它为什么你不能失败？

洛根需要一个概念框架，所以治疗师浅显地介绍了 IFS 的基本概念。来访者会对当下的体验感到好奇，即使是面对困境或是不舒服的感受。不是所有的初次治疗都会这么顺利，不顺利也没关系。IFS 的节奏是根据保护者部分的需求、意愿和允许来推进的：我们需要以它们想要的速度推进。

赢得对于 IFS 不感兴趣的新来访者

这是一个对新疗法不太感兴趣的来访者的案例。来访者遭受着很大的精神痛苦，但是他觉得自己应该能"撑得住"，所以回避治疗。

治疗师：欢迎你，罗里。在电话上你解释了你和你女朋友现在处得不好，你们俩有个三岁的女儿。而她带着孩子投奔了她在华盛顿生活的母亲，不知道要在那里待多久。你还说你最近睡眠有问题，导致你工作时不能集中精力。在这些担忧中，哪个最需要你的关注？

罗里：我真的觉得我自己可以解决这些事情。我不想找治疗师。

治疗师：我们可以先关注这个吗？

罗里：我想可以。

治疗师：看看我有没有弄清楚，你有一部分觉得自己应该独立解决这些问题，但是另外一部分催促你去寻求帮助？

罗里：对。

治疗师：现在哪个部分最需要关注？

罗里：现在认为自己应该独立解决问题的部分很强烈。

治疗师：留意这个部分在你身体的哪个部位？

罗里：在我脑袋里。

治疗师：你对它有什么感受？

罗里：我同意他的观点。

治疗师：听起来你在以这个认为自己可以独立解决问题的部分的视角看待事情。我们知道你还有另外一个部分，那个认为你可以寻求帮助的部分，它现在在哪里？

罗里：在这外面。

● 罗里在他脑袋后面挥手。

治疗师：哦，看到了，它环绕在外面。那你脑袋里的那个部分愿意给它腾出一些空间吗？

罗里：可以。

治疗师：里面其实有个智慧的罗里，或许可以帮上忙。在你的允许下，我想把你介绍给它。这样可以吗？好的。现在请认为你应该自己独立解决问题的部分放松一会儿，不要思考，只是聆听……你听到了什么？

罗里：我知道我应该永远坚强、永远独立，但是我也可以来做咨询。我需要做一个好爸爸。这件事情很重要，我应该好好聊聊。

治疗师：这是把你带到这里的部分吗？

罗里：我觉得是。

治疗师：问问它。

罗里：是的。

治疗师：它还在外面吗？

罗里：现在近点了。

治疗师：它愿意让你与之前反对你来这里的部分谈话吗？

罗里：愿意。

咨询师：那你现在对于你应该独立解决问题的部分感觉怎么样？

罗里：有点拥挤的感觉。

咨询师：它愿意为你腾出点空间吗？

罗里：我不知道。

咨询师：问问看。

罗里：我什么都没听见，但感觉里面好像宽敞了一些。

治疗师：很棒，可以谢谢它。你现在对它有什么感受？

罗里：我知道这个部分是从哪里来的。我爸爸认为需要帮助的人都是弱者。

治疗师：让这个部分知道你看到它了。

罗里：好的。

治疗师：它有什么需求吗？

罗里：它想让我和苏珊整理这一堆乱麻，做一个好爸爸。

治疗师：它说的有道理吗？

罗里：这就是我来这儿的目的。

罗里来治疗的原因是他正在失去自己的伴侣和孩子，但不是他所有的部分都同意这个决定。治疗师帮助他了解到部分之间的分歧，并在尚未介绍 IFS 的概念前与他们建立起关系。有些来访者会问更多的问题，有些来访者会直接参与这个与部分联结的练习。

语言的作用

如果来访者不喜欢用"部分"这个词，我们可以用来访者习惯使用的词汇来表示：我很生气，我崩溃了，我很害怕，我很沮丧，等等。IFS 疗法中最重要的一点就是治疗师对于这个方法的信心，我们会在 IFS 培训和练习中着重帮助治疗师产生直接、个性化的体验。建议大家刚开始使用 IFS 疗法时，选择比较稳定且对 IFS 感兴趣的来访者。

暴露保护者

关于语言还有最后一个忠告：有时，在治疗中某个部分会出现，它不喜欢自己被暴露。我们需要谨慎地尊重这些部分，询问它们是否愿意对话，比如下面的案例。

来访者的部分：我不是一个部分。马克没有部分。

治疗师：好的。如果他有部分，那会是个问题吗？

来访者的部分：如果他有，就是个问题了。

治疗师：可以了解下为什么吗？

来访者的部分：第一，那是病；第二，之前从来没人告诉过我。

治疗师：原来如此！我道歉，我没想吓到你。你说得对，之前也没问过你是不是可以"与部分对话"。我应该先问你的，但在我问之前，我想告诉你：我不认为有部分是一种病。我认为，每个人都有很多的部分，这是件好事。现在，如果可以，我想问问你，我们可以谈谈这件事吗？

● 在这里，治疗师开始与马克的部分直接对话。

来访者的部分：你可以多分享一些。

治疗师：在我看来，我和大家一样，都有很多部分。马克有很多部分，这是再正常不过的。但是我们究竟要不要和部分交流，是你和马克说了算。

● 治疗师直接与保护者部分对话，用第三人称称呼马克，确保这部分不把马克病态化。

　　就像我们在这里看到的，在引导来访者与部分对话之外，我们还可以与部分直接对话，这种治疗方式叫作直接介入。

创伤知情治疗

　　与大部分创伤知情疗法不同，在回顾和整理创伤回忆之前，IFS 并不需要划分阶段来聚焦于情感调节和人际交往能力。相反，"IFS 工作的前提是内在各个部分组成了一个具有内在动力和目标的家庭系统。它们不需要监督就可以运作。我们带着兴趣与好奇面对整个内在系统，这些部分就会解释它们为何会做出特定的行为。即便那些行为看起来极其不理智，具有破坏性，但最终都带着希望来访者好的意图。"（Anderson & Sweezy，2016）

无论怎样，我们都有目标和方法来帮助保护者和被放逐者，并用真我领导内在系统中的所有部分。如果我们把被放逐者和环绕着它们的保护者看作一个"蜂窝"，我们会见证保护者用无比强大的意愿来牺牲小我、成全大我，就像工蜂（保护者）竭尽全力保护蜂后（被放逐者）。在 IFS 治疗中，我们一次面对和处理一个蜂窝，而治疗的第一步（在下文被描述为"6F"）就是和这些工蜂成为朋友。

保护者设定治疗节奏

IFS 的治疗从与保护者进行 6F 步骤开始，然后继续见证和卸载被放逐者的治疗步骤。为了获得内在系统的信任，我们有时得重复使用上述步骤，有时是几周，甚至是几个月之后，保护者才允许我们与被放逐者直接交流。整个系统创伤越深，持续的时间就越长。

先了解自己的内在系统

在选择目标部分之前，我们建议你先与你的整个系统打个招呼。这里有两个练习和一个冥想可以帮助你把自己介绍给你的部分。

- 第一个练习是欢迎所有的部分。
- 第二个练习的目的是帮助系统中不受欢迎的保护者联结真我的能量。
- 第三个是一个冥想练习，向内探索、关注到你的部分并和它们同在。每个人体验部分的方式都不一样，一般会通过感官来联结。部分可以展示它的想法、情绪或感受。有些人会听到部分的声音，有些会看到部分的样子，也有些人会在情绪或身体上感受到他们的部分。

欢迎所有的部分

IFS 的简约信条是"欢迎所有的部分"，这样表达可能会忽略欢迎所有部分所需的勇气和真我能量，就像施瓦茨博士在 2013 年写道：

真我领导的治疗师会潜意识地向来访者发出一个信息："欢迎所有的部分！"在来访者的内心最深处的那些最隐蔽的部分和让人疯狂的想法都会冒出来，呈现出这些状态其实是非常好的。但在心理咨询中不可避免的是，如果治疗师很好地完成了自己的工作，有些来访者会做出各种挑衅。他们可能会对抗，变得愤怒又挑剔，非常地依赖，滔滔不绝地讲话，在治疗过程中做出危险的行为，显得极其脆弱，将治疗师理想化，攻击自己，惊人得自恋和以自我为中心（Schwartz，2013，p.11）。

在面对来访者极端的保护者部分或被放逐者部分时，可以重拾关怀的生命状态，是成为一名优秀治疗师的必备条件。保护者不需要我们指出它们抵制痛苦的方式是失败的，付出了多么沉重的代价，等等。我们需要了解的是保护者这样做的出发点是什么，而非执着于它们这么做的效果。它们想为来访者做什么？我们需要感谢他们这份美好的初衷和为之付出的努力。

欢迎所有的部分

说明：在 IFS 中，我们的信条是：欢迎所有的部分！下面的练习将帮助你欢迎所有的部分。

将你的注意力转向内在，以这个提示开始：

"我想帮助所有需要帮助的部分。为了做到这一点，我需要了解你们所有的部分。"

然后提供这个信息：

"如果我陷入某个部分，将无法帮助到你们。"

然后提出这个请求：

"请与我同在而不要淹没我，当你们准备好的时候，请告诉我知道你是谁，我会记录下来。"

写下这些部分（想法、情绪或感受），你听到的、看到的或感受到的。（如果需要，可额外准备纸张。）

_____

_____

_____

_____

_____

_____

_____

_____

_____

_____

_____

_____

_____

_____

练习

了解不受欢迎的部分

说明：当我们选择一个目标部分，需要其他所有部分正式同意才能开始与它交流。我们可以通过问来访者"你对这个部分有什么感受？"来找出可能会反对的部分。在我们找到有反应的部分时，说服它们分离，这样可以帮助我们与目标部分继续交流下去。有些目标部分特别极端，在内在系统中处于被排斥的角色，可能会引发非常激烈的反应。这个练习就是用来了解这些不受欢迎的部分。

● 找到一个目标部分，写下来（如果需要，也可以拿一张纸画出来）：

_____

_____

_____

● 注意你对这个部分有什么感受，列出你所有的感受：

_____

_____

_____

● 如果你是自己一个人做这个练习，逐一成为每一个有反应的部分，允许它通过姿势和动作做出它想做的，说出它需要说的，以这种方式介绍它自己。

- 然后问它："你为什么（对目标部分）有这样的感受？"
- 在你理解之后，问："你相信我可以帮助这个目标部分吗？"

_____

_____

_____

- 如果回答是不可以，问："可以让我进一步了解你吗？"

_____

_____

_____

- 如果回答是可以，感谢这个部分，然后和下一个部分交流，直到你征得所有部分的同意。
- 回到目标部分，然后问：
  - "你看见我与这些对你反应强烈的部分的交流了吗？"
  - "你对它们的感受是什么？"
  - 你想让这些部分了解你是如何工作的，如何尽力提供帮助的吗？
  - "如果你不这样做，你担心什么？会有什么后果？"
  - "如果我们可以帮助到你所保护的部分，你还需要做这些吗？"
- 最后，明确告诉这个部分，我们之后会回来继续帮助它所保护的部分。

冥想

向内探索以识别部分

　　说明：请跟随以下提示语，并根据自己的需求进行调整。你可能想写下或者记录你注意到的事情。

- 找到一个舒服的姿势。
- 注意背部靠在椅背上的感觉，感受脚踩在地上，与大地连接的感觉。
- 闭上眼睛，如果你需要，做几次深呼吸。
- 将注意力转向内在，关注此刻出现的任何想法，情绪或感受。
  - 你可能会注意到生理上的感受，有些感受可能比较愉悦，有些感受可能不是那么令人愉悦。
  - 你可能会注意到一种或多种情绪。
  - 你可能会听到一个想法或多个想法的争执。
  - 你可能会感受到内在的空虚或者朦胧。
  - 这都没关系，任何感受都可以。
- 你也可能会注意到你的思想在漂移，想把你的注意力从现在的想法、情绪或感受上移开。
- 请对你注意到的一切保持好奇。
  - 它想告诉你什么？
  - 它在帮助你做什么？
- 如果可以，请对它的出现表示感谢，即使你感受到的是负面的情绪或感受。

- 注意这个部分如何回应你的感谢。

- 当你准备好的时候，请将注意力带回到房间里来。

注意当你集中注意力几分钟后，你的能量是如何变化的。你是更加平静、平和了，还是更烦躁了？

6F：帮助保护者部分与真我分离

前三步发现、聚焦和具体化（find，focus，flesh out）帮助部分分离。

1. 发现（find）目标

在身体内部、表面或者周围查找以确定目标部分。

- 现在哪个部分需要你的关注？

- 你在身体哪个部位？

2. 聚焦（focus）目标

- 将你的注意力转向目标部分。

3. 具体化（flesh out）

- 你能看见它吗？

  - 如果能看到，它是什么样子的？

- 如果不能看到，你是如何感受到它的？

  - 这个体验是什么样的？

- 你和它距离有多远？

4. 感受（feel）

对于这个部分你有什么样的感受？

- 这个问题是我们用来检测真我能量的测量器。任何不在 8C 状态的答案都意味着还有一个部分在影响着我们的看法。
  - 我们问问这个第二部分愿不愿意放松下来，给我们一个空间与目标部分对话。
  - "如果它不愿意放松"，问问它有什么需要告诉我们的。
  - 这个过程可能会把我们带到第二个（或者第三个，第四个……）部分。
- 被动反应的部分通常需要被倾听和认可。在征得它们允许，让我们了解目标部分之前，我们需要与它们待在一起。
- 它们同意之后，我们要问来访者："你现在对目标部分的感觉怎么样？"

5. 建立关系（befriend）

更多地了解目标部分

- 第五步的目标是了解目标部分并与它建立良好的关系。帮助来访者的真我与部分（内在关系）、部分与治疗师（外在关系）建立关系。
  - "为什么要这样做？"
  - "这样做有效吗？"
  - "如果它不这样做，它最想做什么？"

- "它多大？"
- "它觉得你多大？"
- "它还有什么想告诉你的？"

6. 探索恐惧（fear）

这个部分害怕（fear）什么？

- "它想帮你做什么？"
- "如果不这样做，它担心什么？"

这个关键的问题会呈现隐藏的两极分化。

"如果我停止焦虑，我担心会陷入想自杀的部分。"或者会将保护的被放逐的部分呈现出来。

"如果我停止焦虑，我害怕感到毫无价值和孤独。"

了解来访者的保护者：使用内在沟通或者直接介入

我们写这本书的目标是希望帮助你提高辨别和与保护者部分交流的能力。在接下来的两节中，我们会展示如何使用"内在沟通"和"直接介入"两种策略进行 6F 梳理。"内在沟通"是指来访者的真我与部分进行交流，而"直接介入"是指治疗师与来访者的部分进行交流，见表 3-1。当来访者的保护者部分安全感不足，无法分离，无法进行内在沟通时，需要采用直接介入的方法。在治疗中，首先尝试使用内在沟通的方式会帮助来访者更快捷地联结真我。但是如果来访者无法触及真我，内在沟通就无法进行，我们就会采用直接介入。

在下面的内容中我们会提供带有注释的案例，你可以自己或与来访者进行练习，练习还包含相关的神经科学。

表 3-1　内在沟通与直接介入

内在沟通	直接介入	可能面临的问题
来访者的部分	来访者的部分	来访者的部分
来访者的真我		
治疗师的真我	治疗师的真我	治疗师的部分

后文的章节中有"卸载"过程的案例演示，包括来访者的真我和被放逐者沟通的一系列步骤。不过如果你在寻找保护者或者与保护者交流时，被放逐者出现了，强烈建议你不要尝试使用 IFS 与被放逐者沟通。如果在与保护者交流时产生过失，我们可以通过真挚的担忧、关心和歉意来修复与保护者的关系。但是一旦在面对被放逐者时出现过失，内在保护系统会拉响最高警报，这可能会使来访者损失许多时间和精力，也会产生更多的痛苦。如果你遇见脆弱、受伤的部分，我们建议你在尚未深入学习 IFS 疗法前使用自己熟悉的其他治疗方法。

解析 6F 步骤

1. 在前 3 步中完成分离

在 IFS 治疗中，我们的目标是帮助保护者分离，使来访者的真我能够接触和治愈受伤的部分。在接下来两个案例中，我们会演示如何发现目标部分，聚焦于这个部分，然后将这个部分分离出来（具体化），通过分离为来访者的真我腾出空间，以实现内在沟通，即来访者的真我与部分进行对话。

在3步内帮助保护者分离

艾丽丝父母的婚姻并不幸福，他们都特别以自我为中心，经常忽视孩子。她的父母忙于在不同的军事基地工作，将她和她的妹妹独自留在家中。在她4岁时的一天，她的一个朋友的父亲在她和她妹妹独自在家时过来，在她家卫生间里猥亵了她。同时，她的外婆信奉极端宗教主义，有暴力倾向，在她小时候时不时地恐吓她。艾丽丝主要的保护者包括严厉的批评部分、暴饮暴食的部分和一个解离的部分。

------------------------- 发现目标 -------------------------

治疗师：批评者大概占据了你多少精神上的时间和空间？

艾丽丝：它占据了大部分时间，大概70%。然后剩余的部分被迷雾的感觉占领了。和食物相关的部分不常在我脑子里晃悠，它就知道吃。

● 来访者指出批评者是一位男性。

------------------------- 聚焦目标 -------------------------

治疗师：我猜批评者对于迷雾和吃东西的部分有很大的影响力。它们同意吗？

艾丽丝：是的。

治疗师：那我们先和批评者交流一下，如何？

● 征求保护者部分的同意。

艾丽丝：它特别没意思。

治疗师：其他部分都不太喜欢它？

● 认可部分的感受，对内在关系感到好奇。

艾丽丝：它们都害怕它。

治疗师：可以理解。它们可以让你和它交流一下吗？

● 明确来访者的真我（你）。

艾丽丝：可以。

-------------------------------- 具体化 --------------------------------

治疗师：你在身体什么部位可以找到批评者？

艾丽丝：在喉咙里。

● 艾丽丝的批评者部分是一个管理员，住在她的喉咙里。迷雾和
暴饮暴食者部分将她的注意力从那些令人羞愧的批评中转移出
来，它们是消防员。

下面是发现、聚焦和具体化（分离部分）的另一个案例。

-------------------------------- 发现目标 --------------------------------

治疗师：我听到你有一个部分对你的女朋友非常愤怒，而另外一
　　　　个部分却害怕失去她。

恩佐：是的。

治疗师：哪个部分更需要你的关注？

恩佐：愤怒部分。

-------------------------------- 聚焦目标 --------------------------------

治疗师：向内探索，留意这个愤怒在身体的哪个部位或者身体周

围的什么地方。

恩佐：在手臂上。

具体化

治疗师：看看愤怒部分是什么样子的？

恩佐：它像一个拳击手。它就站在我面前，戴着手套，时刻准备战斗。

● 恩佐在他的手臂找到了保护者部分，它是一个拳击手，面对女朋友的批评做出反应，属于消防员。

　　就像这两个案例呈现的，发现、聚焦和具体化目标部分的步骤。如果没有这些，来访者真我与部分间的沟通是无法实现的。

（1）帮助部分分离的技巧

　　这个主题详细阐述起来可以写一本书，我们在这里仅列出了其中的一部分，具体化会帮助区分部分。有些来访者可以将注意力转向内在，与部分充分分离后再与它们交流。而有些来访者，尤其是有创伤经历的来访者，在治疗初期会遇到保护者的百般阻挠，当它们被邀请关注内在体验时，很多部分会跳出来分散注意力，甚至发生解离。对于它们而言，选择具体化会特别有帮助，可以发挥你的想象和创造力找到合适的途径来具体化。

　　建议你自由尝试各种方法，看看哪种最适合你。我们也会问来访者感兴趣的方式和技能。舞者可能会喜欢用实际动作或想象动作；视觉性艺术家可能想绘画、涂鸦或者用黏土或油灰来塑形；织物艺术家可能想要缝纫或者编织，等等。

擅长绘画、雕塑、跳舞或者练习其他静观 / 正念类活动的治疗师可能特别愿意将这些方法用在愿意尝试新的治疗方式的来访者身上，无论来访者有没有接受过类似的训练。（McConnell，2013）。

有些 IFS 治疗师在来访者治疗初期，了解保护者的过程中，会用白板画出关系图来描述内在系统。这样做有许多益处：当来访者的内在世界在白板上被具体呈现出来时，他会留意、倾听、思索和联结彼此的关系。这样做本身是带着尊重与好奇，向来访者内在系统传递出看见与理解。同时也会呈现出内在的两极化，帮助治疗师了解极化的两个部分在争斗中维持平衡各自所做的努力可以通过询问一些至关重要的问题，比如："它在保护什么？如果它不这样做，它担心发生什么？"这些问题可以帮助我们找到保护部分一直在保护的被放逐者。

当保护者通过分散注意力减轻痛苦时，我们可以借助沙盘激发来访者的兴趣，使其体验内在世界。当用一个小玩具呈现部分时，部分被描绘成一个外在的存在，它夸张的特征可能会使人害怕、感到好笑或悲伤，但是不会有淹没感和恐惧感。内在的怪物变成了可以面对和应对的存在，我们可以邀请它们对话，也可以把各种小宝贝放在掌心爱抚或者在大腿上摇摆。

部分具体化呈现案例

汤姆一家住在低收入家庭保障房里。他还有两个哥哥，他的母亲做两份工作，父亲做邮政工作，是一个酒鬼，很少回家。每次父亲回家时，汤姆的母亲就会跟他吵架甚至动手，直到他离开。汤姆很少见到清醒状态的父亲，父亲在清醒的时候很焦虑，对他非常冷淡。他更喜欢也常见到的是醉酒状态的父亲，他觉得那个时候的父亲很有趣，而且饱含慈爱。

因为汤姆比较矮小，他的哥哥们和邻里的小孩儿经常捉弄他。在汤姆来治疗的时候，他穿着机车服，身体有些残疾，已经戒毒四年了。

汤姆来治疗是因为他的精神科医生推荐他来的。他屡屡迟到，经常错过半个疗程，受不了酗酒的康复训练。同时，他在抗争想要吸毒的冲动。如果去匿名戒酒会（AA）或者匿名戒毒会（NA），他担心自己会利用这些关系去买毒品。他的部分拒绝分离，所以大部分时间治疗师会用直接介入的方法与他的部分交流。治疗3个月之后，他说他的感觉更糟了，他吸毒的冲动变得越来越强烈，他不知道是否应该继续治疗。

治疗师：汤姆，谢谢你与我分享。我们可以梳理一遍吗？在疗程中，我们与你想去冥想中心的部分、嗜睡的部分、担心挂科的部分和吃很多垃圾食品的部分都有交流。它们都觉得你是那个孤独的、学习成绩很差、整天被别人取笑的孩子。而它们不相信你的内在有一个强大的汤姆，不是任何部分，对吧？同时那个怂恿你吸毒的部分和你说它有办法停止这些痛苦，它以前也做到过。我想问他一个问题。它愿意尝试一个新方法吗？如果它愿意，我想让它第一个见到真正的汤姆，而不是汤姆的任何部分。

● 汤姆没有说话，盯着窗外看了片刻。

汤姆：勉强试试吧。

● 治疗师将两个小巧的桌子放在他的椅子前，然后拿出一盒玩具放在桌子上。

-------------------------------- 发现、聚焦与具体化 --------------------------------

治疗师：请让吸毒的部分在这里选一个玩具，代表它自己的样子。

● 汤姆认真地看着这些玩具，从怪物到小动物再到婴儿，应有尽
  有。他选择了一个张着血盆大口，张牙舞爪的怪物玩具。

汤姆：这个就是它。

治疗师：把它放在桌子上，可以放在任何它想待的地方。你对它
　　　　有什么感受？

汤姆：我有点儿害怕，但我也很喜欢它。

治疗师：让害怕和喜欢它的这两个部分也都选出代表它们自己的
　　　　玩具。

● 汤姆选择了两个玩具：一只羊和一个四肢被缝起来的高大的女
  性，她看起来像是一个僵尸和科学怪人的混血儿。

治疗师：你与吸毒部分对话的时候它们想待在哪里？

汤姆：这个想在我背后。

● 他把羊放在他的椅子背后。

汤姆：这个想在吸毒部分的旁边。

● 汤姆把女性僵尸怪人放在怪物旁边。

-------------------------------- 感受 --------------------------------

治疗师：现在你对这个吸毒的部分有什么感受？

汤姆：我感到很悲伤。它造成了太多伤害，但我了解它只是想帮忙。

治疗师：听到你这么说，它想如何回应？

汤姆：它有些困惑，它不知道我是谁。

建立关系

治疗师：告诉它，你可以帮助它正在保护的部分。

汤姆：它觉得我做得太糟糕了。

治疗师：当某一个部分淹没你的时候，你是什么都做不了的。只有大家都愿意给你一些空间，你才能提供帮助。它愿意先给你一些空间吗？如果有其他部分出现，我们也会请它们给你一些空间。

汤姆：它很好奇你在玩儿什么把戏。

治疗师：可以理解。告诉它，我们并不是想丢下它或者消灭它。我们的目标是希望能帮助到所有的部分，让它们感觉好一些，当然也包括它。它会让我们展示这种可能性吗？

汤姆：只要允许它在旁边看着，就可以试试。

治疗师：太棒了。它愿意让我问问此刻谁最需要你的关注吗？

● 请求允许。

汤姆：可以。

　　汤姆谨慎的吸毒部分是一个消防员，通过发现和聚焦目标部分，汤姆得以与这个部分分离，和它成为朋友，并且征得它的允许，继续探索。

　　就像这个案例展示的一样，将部分具体化可以鼓励它们分离，从而看到来访者的真我。IFS 治疗师通过各种具体化的创新找到适合他们运用的方式。除了前面提到的各种方法之外，还可以用各种色彩的围巾、不同形状的枕头、毛绒玩具，或者写着部分身份的卡片等。我们可以发挥自己的想象力和创造力找到新的具体化途径。

练习

发现，聚焦和具体化目标部分

说明：这个练习会带你练习发现并确定目标部分的过程。欢迎你把以下文字录制在手机或其他设备上，这样可以听着录音做探索。请先将注意力转向内在：

- 做几次缓慢而深长的呼吸。
- 告诉你的内在部分：这里的空间足够容纳所有人。
- 留意此刻出现的情绪、感受或想法。
  - *尝试着问一问："哪个部分需要我的关注？"*

写下来：

_____

_____

_____

- 继续观察，耐心等待，留意内在世界的变化。
- 请注意，出现任何部分以及情绪、感受或想法都是非常重要和真实的。

如果有部分觉得自己不重要或不是真的，请先对那个想让你忽视它的部分保持好奇，并写下来：

_____

_____

_____

如果没有，可以从任何先浮现出来的部分开始。留意这一部分（情绪、感受或者想法）在你身体的位置，在身体内部、表面还是周围。

- 你能看到这个部分吗？
- 能感受到吗？
- 能听到吗？
- 可以用其他什么方式感觉到它吗？

请将观察到的内容写下来：

_____

_____

_____

（2）记住一周前的目标部分

无论是在治疗的开始还是治疗的过程中，我们总是重复发现、聚焦和具体化目标部分的步骤。不过，因为治疗时间的限制，一旦治疗开始且实行的是一周为一个疗程的治疗进程，那么我们很可能无法在一次治疗中彻底帮助目标部分，所以我们下次会回到这里。如果不这样做，就可能会打断治疗的节奏，与保护者建立信任会更加困难。在 IFS 治疗中的坚持就像陪伴孩子成长的坚持一样重要。

我们与来访者一起确定回看这个目标部分的意图。因为隔离痛苦的部分经常会让来访者忘记治疗的内容，我们可以邀请来访者录下治疗过程以便带回去听。无论如何，在来访者开始接受治疗时，我们需要做这项工作，我们要留意。如果来访者总是每周提起不同的部分，拒绝回到同一个目标部分，我们需要向他解释为什么要回到目标部分。如果来访者还是坚持改变目标，我们可以带着好奇询问原因，并让之前的目标部分知道我们以后还会回来看它。这些部分会注意到我们的意图，我们只有言行可信，才会赢得它们的信任。

坚持回到上周探索的目标部分

治疗师：在我们回到那个感觉被奶奶苛责的部分之前，有什么需要关注的吗？

梅根：啊，对！我忘了。

- 保护者出现了。

治疗师：你记得我们说过要回来看她吗？

梅根：说过吗？我现在感觉这些都太遥远了。我刚和比利吵架，现在我不知道该不该继续和他谈恋爱。这个感受更重要一些。

- 保护者想更换目标部分。

治疗师：非常理解。我们也会给这个部分留出一些时间。在这之前，我们先看一下上周谈过话的 10 岁小孩，可以吗？

- 与来访者协商。

梅根：我觉得没时间把这些全都做完。我真的很需要谈谈我和比利的关系。

- 保护者。

治疗师：可以理解。但是这里有个问题，如果你不遵守上次和这个部分的承诺，它就没办法与你建立信任。所以我会争取两个都做。

- 告知回到上周的部分的重要性和原因，尝试说服这个保护者。

梅根：可我现在只听见有个声音说："这是个坏主意！"

治疗师：嗯，我可以问问为什么吗？如果这个部分让你现在与上周的 10 岁小孩说话会发生什么？

- 了解保护者的恐惧。

梅根：我会受不了的。我这周还有很多工作要做。

治疗师：如果 10 岁小孩同意不淹没你，我们可以再看一下她吗？

- 处理恐惧。

梅根：好！但是她一定得同意不可以淹没我。

　　梅根前一周与她的被放逐的 10 岁小孩交流。一个害怕梅根在这一周会被这个被放逐者的情感淹没的部分出现了，她拒绝更深一步的探询。

　　因为保护者担心被情感淹没并阻止她回到上周那个目标部分，治疗师必须尊重保护者的节奏，但仍需坚持目标，探索并处理保护者的恐惧。如果梅根不这样做，那个目标部分可能会有深深的被抛弃感。

（3）在分离的过程中更新保护者的认知

　　我们帮助承担父母责任的年轻部分减轻负担。这些部分有着极强的责任感，在成长的过程中，身边没有负责任的成年人可以依赖，它们保护着被父母（或监护人）抛弃的脆弱的被放逐者，一开始并不信任来访者自己或是治疗师。我们需要将这个颠倒的照顾系统校正过来，为了帮助保护者释放这些因经历所迫的责任，重新变回孩子，我们可以这样做：

　　1. 问问保护者它觉得来访者几岁。（这个答案常常是个位数。）

　　2. 把真我介绍给来访者来纠正这个认知。

- "让这个部分知道你现在已经长大了。它看得到你吗？带它看看你现在的生活。"

3.引导来访者好好关怀和帮助这个保护者和它所保护的被放逐部分。

威胁到来访者生命的、难以承受的经历常常会使来访者的真我和保护者之间产生裂隙。受到创伤的保护者通常相信真我在遭遇创伤时是无用的，而且也被困在过去。向来访者介绍"此刻的真我"，告诉他"真我活下来了"，而且真我可以帮助治愈受伤的被放逐者。

更新保护者的认知

查理：我经常会藏食物。我知道这挺傻的。我爱人会在衣柜、床头柜里找到面包，她觉得有点奇怪，但是她只是笑笑。

治疗师：这个部分知道你现在食物充足吗？

查理：我妈会把冰箱用链子缠上，然后上锁。我们总是很饿。弟弟和我以前会在夜里去超市后面寻找别人扔掉的水果和蔬菜。

治疗师：你藏食物的部分知道现在情况改变了吗？

查理：不知道。

治疗师：问问它觉得你几岁，不要屏蔽掉答案，说出浮现的答案。

查理：很奇怪，我听到它说 10 岁。这让我很惊讶。

治疗师：那是你父亲离开的时候，对吧？

查理：那时候我们真的很穷。我记得是夏天，我们一群孩子在树林里找到梅子，还偷隔壁农民的东西。开学的时候，我妈住院了，我们被送到寄宿家庭。

治疗师：让我们给藏食物的部分一个认识真我的机会。它想知道你现在的生活吗？

查理：它很惊奇，从来不知道。

治疗师：你和它是怎么说食物的事情的？

查理：我告诉它，再也不会发生缺少食物的状况了。我向它展示
　　　了我们可以自如地开关冰箱，我们有购物清单，它想要什
　　　么都可以拿到。

　　查理藏食物的保护者还把查理看作一个饥饿的 10 岁男孩，
而不是一个有家庭和有一冰箱食物的成年男人。

　　就像我们在案例中看到的，部分可能对当下毫不知晓，在这
种情况下它们需要被更新认知。

前三步：
发现、聚焦和具体化保护者部分

---------------------------------- 发现 ----------------------------------

- 提问："今天哪个部分需要你的关注？"
- 或者听来访者自己讲述。
- 复述或者在白板上写下你听到的几个部分。
- 提问："在这些部分中，此刻谁最先需要你的关注？"

---------------------------------- 聚焦 ----------------------------------

- 邀请来访者转向内在，然后留意部分在身体内部、表面还
  是周围的位置。
- 邀请来访者将注意力集中在这个部位。

● 内在聚焦在一个部分上与谈论这个部分是不同的。

—————————————— 具体化 ——————————————

● 提问：

　● "你是如何感受这个部分的？你看到、听到、感受或者用其他方式意识到它的存在吗？"

● 提问：

　● "这个部分多大了？"

　● "这个部分觉得你多大？"

2. 岔路口：发现、聚焦和具体化之后

6F 步骤帮助我们与保护者结成联盟。在完成前三步之后，开始后三步之前，我们会遇到一个岔路口：如果来访者的保护者愿意分离，可以使用内在沟通继续后三步。但是如果来访者的保护者没有成功分离（这在有创伤经历的来访者中尤其常见），这时需要停下来，使用"直接介入"（治疗师的真我直接与来访者的部分交流）。在详细介绍"直接介入"之前，先介绍一些与 IFS 相关的神经科学原理，阐明与保护者进行内在沟通的机制。

（1）介绍神经科学

当心理治疗适逢"脑十年"[⊖]时，神经科学的先驱就开始帮助我们更好地理解在心理治疗时大脑发生的变化，如何有效地治愈创伤后遗症。神经

⊖ 脑十年（decade of brain），1989 年美国国会第 101 次会议通过了一项决议，命名自 1990 年 1 月 1 日开始的 20 世纪 90 年代为"脑十年"。同年 10 月，美国总统布什表示支持这一决议。——译者注

科学知识也可以为治疗决策提供信息。比如，治疗师在什么情况下需要保持平静，不做被动反应？什么时候适合治疗师讲话？还有，什么时候需要慢下来，与身体交流？在这个章节中，我们整合了与 IFS 治疗相关的神经科学原理。

（2）科学：心灵与大脑的关系

许多心理健康理论家和实践家用以下的方式来区分心灵和大脑：心灵涉及能量和信息的流动，是功能性的；大脑是结构性的，被定义为互相连接的神经元、网络和神经递质的集合。两者都与身体和环境相互作用（Siegel，2017）。

作为治疗师，我们需要同时与这两者打交道：当来访者意识到自己的想法、感受和情感并与它们互动时，关注内在心灵会发生治愈性的改变，这种改变与大脑结构上的改变一致（神经可塑性）。有些科学家相信大脑的状态是可以改变的：可以迅速地从一簇神经元活动转到另一簇，每一簇神经元都有不同的功能（Siegel，2017）。这一观点与 IFS 的假设前提是一样的：内在心理世界由不同的部分或精神状态组成，这些部分可以选择融合或者分离（变换不同的状态）。

我们相信内在的部分同时与心灵和大脑有联结，它们主要生活在心里，而大脑则为它们使用。内在的部分有很多维度的想法、情绪和感受，它们通过向大脑中对应的神经网络发射信号来表达自己。

（3）发现目标的科学：识别部分

神经元聚焦在一起会形成神经回路或神经网络。神经科学一直在不断地探索、对应和识别各种大脑神经网络，包括大脑休息状态、共情、关怀、悲伤、关爱、寻找和恐慌，以及被创伤经历影响的神经网络。

用 IFS 的语言来讲，发现目标部分的过程需要专注，关注有特定功能的神经网络。

（4）聚焦的科学：转向内在和冥想

聚焦代表的是专注，集中注意力。当我们与外在世界互动时，留意外部环境或关系的过程中，我们运用的是前额皮质层的外显性意识（Seppala，2012）。另一方面，内隐性意识（Seppala，2012）聚焦内在世界，依靠更深层的大脑结构，比如脑干（与身体感受相关，如心跳和呼吸）、边缘系统（情感整合）、脑岛（身体觉知）和后扣带回（与自我意识相关），这些全都会受创伤的影响。

谈话疗法利用外显性意识，来访者将他们的注意力集中在与治疗师的对话上。反之，在 IFS 中我们邀请来访者转向内在，从内在感受自己和与部分的关系。据说内隐性意识对于我们的幸福水平有更大的影响（Seppala，2012）。

当然，冥想有很多种。静观（正念）被卡巴金描述为对于当下意识无评判的状态（Kabat-Zinn，2003），研究证明静观对于身心健康都有益。对有创伤经历的人而言，静观对人们在难以承受的压力中受到伤害的大脑结构的变化有帮助。在 IFS 中，静观可以帮助来访者与其部分分离和联结真我能量。静观状态下的分离，与过去的经历同在而不被其体验占据是后面几步疗愈的前提，如果没有真我或者内在聆听者的见证，单纯回到过去经历的场景并没有治疗效果。

（5）具体化的科学：让部分清晰化

一旦来访者识别目标部分并将注意力转向内在，我们会引导他与部分进行互动。互动一般发生在内在精神世界中，但是对于不以视觉主导体验的来访者来说，他们可以是感觉到、动觉上的或者听到或是有身体动作方面的体验。

- 这个部分在身体的哪个位置？在里面还是周围？
- 来访者能看见吗？能感受到这个部分吗？

- 能听到吗?

- 这个部分是什么形状的?

- 颜色?

- 大小?

- 声音?

- 它多大?

- 来访者和它的距离有多远?

所有这些问题都可以帮助治疗师和来访者一起分离和更好地识别部分。

在 IFS 系统中,许多保护者(表现为症状)的根源是恐惧。它们很容易过度承担,产生混乱。我们认为这些部分生活在内在精神世界,通过大脑中未经梳理的或失调的神经回路来表达它们自己,它们常常会用力过猛或不足,从而导致精神上的痛苦。一旦受伤的被放逐者部分被治愈,保护部分就可以转换它们的工作,像它们在被放逐者部分受伤之前一样,重新整合至更大的系统中,开始正常运转。

了解一个部分

这个冥想是为了帮助你多了解你想帮助或想改变关系的部分而设计的。

- 如果准备好了,就可以开始做一次缓慢而深长的呼吸。

- 然后确定一个你想多了解一些的部分。

- 无论你是在身体的内部、表面或是周围找到的部分,专注在这个位置上（如果你无法专注，也没有关系）。

- 无论怎么样，留意你对这个部分的感受是什么。

- 如果感受不是好奇或接纳的，询问那个有反应的部分，它愿不愿意退后，让你可以更好地了解目标部分。我们不会让它接管，只是了解它。

- 对所有有反应的部分都这样做，直到你对最初确定的目标部分感到好奇。

- 你可能发现自己做不到，有些部分不愿意分离，那也没关系。你可以听听它们对于分离的恐惧。

- 如果它们允许你带着好奇感受最初发现的目标部分，就可以继续。

- 这个部分想告诉你什么？

- 这个部分为你做了些什么？对你做了些什么？

- 它需要你说些什么，做些什么？

现在我会暂停说话，让你多了解它一些，等你觉得沟通好了再回来。

- 好的，在接下来几分钟后我们会回来。

- 感谢这个部分让你了解它。

- 让它知道这不是与你仅有的一次交流机会。如果它需要，你可以在其他时间回来。

- 回来之前，确认你也感谢了其他出现的部分，感谢它们让你了解这目标部分，也帮助你了解它们的担心和害怕。

- 如果都沟通好了，你可以做几次深呼吸，然后将注意力再次转到当下所在的房间里。

3. 第四步：用感受来检测真我能量

我们的总体目标是将所有部分（目标部分和任何有反应的部分）进行分离，并为来访者的真我腾出空间来治愈受伤的部分。第四步的作用是帮助我们确认来访者真我的能量水平。"你对这个（目标）部分有什么感受？"这个问题是真我能量的测量器。

当我们以这种方式评估来访者内在世界的关系时，我们可能会听到有的部分会对目标部分感到害怕，或担心被目标部分淹没，或者感觉内在空间太拥挤，没有真我的空间。用这种方式了解内在的关系，我们就可以侦察到任何需要安抚的部分。

下面是第四步的两个案例和两个联结真我能量的练习。

第四步：
感受对目标部分的感受

治疗师：你对拳击手部分的感受是什么？

恩佐：它会保护我的，我很感激它。

治疗师：听到你这样说，它有什么反应？

- 治疗师会从保护者的反应中了解恩佐的感激是来自于真我还是另一个部分。

恩佐：它总是忽略我。

- 这说明恩佐的感激来自另一个部分，拳击手不会忽略来访者的真我。

治疗师：为什么呢？

恩佐：它觉得我很软弱。

-- **具体化** --

治疗师：它觉得你多大？

恩佐：哦……一个小孩。

治疗师：这个小孩很感激拳击手，拳击手觉得小孩很软弱。这个
　　　　小孩愿意给你一些空间，让你跟拳击手交流吗？

● 通过问询让这个小孩与真我分离，这样来访者的真我可以出现
　并与目标部分对话。我们的目的是把来访者的真我放在保护者
　和被放逐者之间。

恩佐：它说可以。

-- **感受** --

治疗师：你现在对拳击手部分的感受是什么？

● 再次确认来访者的真我能量。

恩佐：它第一次转过身看着我，它很惊讶，它之前并不认识我。
　　　我在感谢它的帮助。

● 当小孩部分分离了，保护者就可以留意到来访者的真我。

　　在这个案例中，我们看到了两个部分，保护者和它所保护的
被放逐者。咨询师的真我引导它们并保持交流的空间，使得它们
第一次知道来访者真我的存在。

练习

感受

说明：确定一个目标部分，聚焦并通过具体化进行分离，然后问询：

"我对于_____（目标部分）的感受是什么？"

写下答案：

_____

_____

_____

如果答案是下列表示的某一种感受或相似的感受，这代表着真我的能量，接下来继续与部分建立关系。

表明来访者是用真我面对部分的感受：

- 好奇的
- 敞开的
- 友好的
- 关切的
- 有联结的
- 关怀的
- 共情的
- 富有爱心的

如果答案是"我理解"，你得注意：你听到的声音是来自陷入思考并用貌似可信的故事来预先阻止情感的管理者，还是你和这个部分真的产生了心灵上的联结，可以真正理解它的感受。

如果你不确定这个"我理解"是从哪里来的，告诉目标部分你的理解是什么，然后问它对不对。

如果有其他感受出现，比如，恨意、愤怒、恐惧、羞愧等，问问这个部分："如果你能休息一下，让我与_____（目标部分）交流，你担心会发生什么？"

被动反应的部分通常在某种程度上惧怕目标部分。试着写下你听到的任何信息：

_____

_____

_____

如果被动反应的部分害怕目标部分有太多的影响，可以这样问：

_____

_____

_____

"如果_____（目标部分）同意不会接管，你可以让我和它对话吗？"

如果被动反应的部分回答："这不可能。"

你可以用两种方式安慰它，第一先问"我们可以直接问问_____（目标部分），它是否愿意不接管吗？"然后对被动反应的部分说："你是老板。我不会让你做令你不舒服的事情。但是如果你允许我两边都倾听，我可以帮助调解你与_____（目标部分）的矛盾。"

在第四步中评估来访者的真我能量水平

---------- 感受 ----------

波莉注意到一个批判的部分，她说这个部分是一个穿着西装的小男孩。

治疗师：你对这个批判的部分有什么感受？

● 我们要留意波莉回答过程中其他部分的反应。

波莉：我不喜欢它。

治疗师：这个部分愿意让你来处理这件事吗？

● 再次请求允许。

波莉：我对此表示怀疑。

● 这个被动反应的部分不同意让来访者与目标部分（穿着西装的小男孩）对话。这说明被动反应的部分认为目标部分是很危险的。

---------- 具体化 ----------

治疗师：你有一个部分，它不相信也不喜欢批判。我可以问一个问题吗？这个怀疑的部分觉得你是谁？

● 来访者的答案会显露脆弱的部分。

波莉：一个小孩。

---------- 充足的真我能量 ----------

治疗师：你对它说了什么？

● 评估波莉与脆弱部分的融合程度，如果完全融合，波莉会说真的觉得自己像个小孩。

波莉：我不是一个小孩。我其实想和批判的部分交流一下。有时候我真的很想知道它为什么那样滔滔不绝。

● 波莉的真我出现了。

治疗师：看看内在所有部分是否愿意让你问问批判的部分为什么一直这样做。

● 请所有担忧的部分放松，让波莉的真我和批判的部分交流。

在这个案例中，我们通过波莉回应认为她是小孩的保护者的过程，发现了波莉的真我。

练习

评估真我能量：对于目标部分的感受

说明：这个练习中的目标部分是一个慢性焦虑的部分，为了清晰起见，你可以把内在听到的部分写下来。

问询："你对这个_____（焦虑）部分有什么感受？"

● 如果来访者与被动反应的部分明显分离开了，说"我很好奇"，或者"我非常在乎"等话语，可以带着好奇继续问询："这个部分想告诉你什么？"

- 如果来访者有负面反应，比如"我讨厌它！"
- 或者，来访者表达赞同，像是"我当然会感到焦虑。"

问询："这个_____（讨厌或者赞同）的部分首先需要你的关注，还是它愿意给一个空间让你了解_____（焦虑）部分？"

- 如果被动反应的部分愿意放松，重复最开始的问题："现在你对这个_____（焦虑）部分的感受是什么？"
- 如果来访者赞同焦虑部分，我们通过问询了解焦虑部分是否和真我融合在一起。

  要做到这一点，可以直接问："这个_____（焦虑）部分现在和你融合在一起吗？"

  - 如果是，继续问："它愿意与你分离，和你见见面吗？"（意思是见一见来访者的真我。）

  - 如果不是，我们更进一步探索是哪个部分在赞同："好的，有其他部分赞同，那个部分可能想说点什么。我们邀请所有赞同的部分和你组成一组。它们愿意这样做吗？邀请它们全都坐在大会议桌的一侧，看看哪些部分出现了。"

确定目标部分之后，我们的目的是说服被动反应的部分分离，使来访者的真我出现并接近目标部分。当一个部分对目标部分做出负面或正面反应并不愿意分离时，治疗师的真我可以直接介入，进行交流。

（1）提示：在第四步中请留意伪真我部分

伪真我部分的表达听起来很像真我，比如它们会说"我非常在乎""我想帮忙"等，伪真我经常会在内在世界中代替真我，但是它们是保护者部分，这代表它们没有能力治愈伤痛。被放逐的部分很可能会非常依赖在这几年里一直安慰它们的伪真我部分，或者也可能会感到窒息和厌恶。无论哪种情况发生，当我们误将伪真我的部分当作真我进行梳理时，进度往往会感觉太快或太容易，或者完全无法进行下去，被放逐的部分会非常反常地拒绝合作。这代表伪真我的部分在工作，它需要帮助部分放松下来，从而信任来访者的真我。在来访者想要讨好治疗师时，伪真我部分也会出现，显得过于顺从。伪真我部分在创伤幸存者中经常存在，觉察他人需求和给予他们想要的东西都是保护策略。

如何发现伪真我部分
（梳理进程过于容易和快速）

-------------------------------- 发现 --------------------------------

治疗师：你抑郁的部分愿意与你分离，让你更好地认识它吗？

布伦特：好的，它会的。

治疗师：你现在对它的感受是什么？

布伦特：感觉还行。

治疗师：这个感觉还行的部分能否退后一步？

布伦特：好。

治疗师：你现在对于抑郁的部分的感觉是什么？

布伦特：我很同情它。

治疗师：这个部分收到你的同情了吗？

布伦特：当然。

- 布伦特好像有些游离。治疗师感觉到它没有内在的定力。

------------------------------ 发现和聚焦 ------------------------------

治疗师：我想知道你有没有一个想让梳理进行得快一些的部分？

布伦特：什么意思？

治疗师：问问你的内在部分，有谁想帮忙吗？

布伦特：其实是有的。你怎么知道？有一个想要帮助我们的部
　　　　分，它说的话都是它认为是你想听的话。

治疗师：谢谢它，然后问它愿不愿意休息一下，看着我们就好。
　　　　无论发生什么，即便非常困难的事情，我们都会没事的。

- 请求允许。

布伦特：我问问。

- 他闭上双眼，静默了几秒。

布伦特：我觉得这个部分经常在。它想做对的事情。它跟我在一
　　　　起很长时间了。

------------------------------ 感受 ------------------------------

治疗师：我相信它很有帮助。你对它有什么感受？

布伦特：我很感激它。

------------------------------ 建立关系 ------------------------------

治疗师：告诉它你很感激它。

布伦特：它很开心。

治疗师：它愿意相信你吗？

- 这个部分会分离吗？它愿意注意来访者的真我吗？

布伦特：不太确定。

治疗师：他觉得你几岁？

布伦特：15 岁。

治疗师：看到这些，你想说些什么吗？

- 邀请来访者的真我来引领。

布伦特：15 岁时，我非常抑郁。这个部分很困惑，它觉得我
　　　　是它。

- 真我出现了。

治疗师：它现在看见你了吗？

- 继续建立关系。

布伦特：嗯，它有点惊讶。

治疗师：它愿意让你帮助这个 15 岁的小孩吗？

- 请求允许。

布伦特：它现在有些混乱。以前是它一直在照顾我。

- 布伦特在描述扮演伪真我角色的保护者部分，伪真我一直代替
　布伦特的真我来保护和照顾弱小的部分。

治疗师：它会代替你？

布伦特：它好像就是我。

- 伪真我部分坚持认为：我就是来访者。

治疗师：我听到它出面的原因是他必须这样做，而且它不知道布伦
　　　　特真我的存在。这个努力工作的部分见到你的感觉怎么样？

- 强调来访者真我。

.... 探索保护者的恐惧 ....

布伦特：它很惊讶，不知道会发生些什么？

治疗师：它不会消失的，它仍然是你的一部分。

● 安慰保护者。

布伦特：那就太好了。

治疗师：它真的很努力了。它愿意接受你的帮助吗？

布伦特：它在思考，它其实很累了。

● 伪真我部分一般需要许多安慰才愿意让真我来主导。别担心，
持之以恒。

　　如果你在治疗中隐隐感觉到来访者状态游离或者治疗进行得
太过顺利，要留意有没有伪真我部分。就像这个案例展示的，伪
真我部分有一种展现方式就是让来访者看起来很"配合"，但其
实并没有联结到真我。

（2）科学：用感受靠近真我

　　神经科学正在探索与真我定义相关的大脑结构，包括我们如何表现、
评价和监督自己。这些活动与内侧前额叶皮层、背侧前额皮层和前扣带回
相连（Nortoff & Bermpohl，2004）。真我的身份感知是通过脑岛和身体及
生理感受联结（Lanius，2010）。尽管神经科学中的突破帮助我们理解大脑
在真我意识中扮演的角色，但是这和 IFS 中真我的概念是完全不同的。

　　IFS 中的真我，包括平静、好奇、自信、勇气、清晰、联结、关怀和创
造。在我们看来，真我并不位于特定的大脑结构中。我们相信，真我是一种

存在状态，像保护者一样存在于内在世界中，但二者有不同。保护者是由大大小小的创伤反应而形成的"症状"，使用的是大脑中未经整合的神经网络。相反，真我会使用整合的神经网络自主地与外界联络。用 IFS 的语言来说，"处于真我状态"的体验是与内在和外在世界同时联结的状态，也是神经网络最大化整合的结果。简单而言，真我有着与生俱来的智慧和治愈的能力。我们发现，一旦从极端角色中解放出来，保护者也会恢复使用整合的神经网络。

（3）科学：神经生物学中的创伤和解离

治疗经历过严重创伤的来访者通常具有挑战性，耗时费力，有时令人崩溃。创伤幸存者通常拥有被内隐记忆主导的部分。（无意识的、深入人心的，大部分由情感和感觉组成，没有认知输入或时间顺序）。简单来说，创伤治疗的目标是将内隐记忆转成外显记忆（有意识的、有事实根据、线性的，有时间感和叙事性）。所有治疗师的职责是帮助受创的来访者将原始、未消化的记忆转换成一个有起始和中间部分，衔接情感和信念的完整故事。

在正常情况下，当我们感受到压力时，神经系统接收到身体的反馈，通过各种大脑结构的运作，包括丘脑（感官输入）、脑干（心率和呼吸）、杏仁核（情绪的意义）和海马回（认知输入），再进入前扣带回、脑岛和前额叶皮层进行信息处理，然后在平静下来的时候做出合适的反应（van der Kolk，2014），如图 3-1 所示。

但当压力更大时，个体对于危险的感知增加，身体会释放化学激素（包括皮质醇和肾上腺素），通过激活交感神经把我们从安全状态调整到准备逃跑或者战斗的状态。在这种情况下，我们会失去处理信息和抑制性调节的能力，身体和情感都会呈现出高速反应状态，回到平静和恢复正常的能力有限（van der Kolk，2014）。

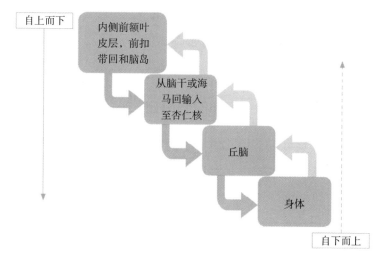

图 3-1 创伤垂直网络（Frank Anderson，2016）

如果我们继续困在创伤情境中，感到无法逃离，我们会从交感神经兴奋状态转换到副交感神经抑制状态，最终崩溃。这时大脑中的一些结构会停止工作，内脏器官运作速度减缓以保存能量，确保在危险环境中生存。在这个状态中，我们与自己的情绪、身体和处理信息的能力都将切断（Porges，2011）。

治疗师在治疗经历压力情境的来访者时会遇到三种状态，见表 3-2。在正常压力下，来访者能够在认知、情感和身体上处理信息。当交感神经兴奋时，来访者高度情绪化且生理被激活，抑制能力下降。当副交感神经抑制时，来访者麻木、分离，无法接触身体感受、情感或想法。最严重的情况，经历创伤的来访者可能会在这三种状态中交替切换。

表 3-2 应对压力的三大状态

正常压力	交感兴奋	副交感神经抑制
抑制正常	抑制过低①	抑制过高①
思维正常	认知视角狭窄	思维减少
情绪正常	情绪过于丰沛	情绪麻木
生理感受正常	生理感受敏感	生理感受麻木

① Lanius et al.，2010.

冥想

与你的心同在

- 如果感觉可以，做几次深长的呼吸，感受此时此刻自己的心。这个心不一定是身体左侧的心脏，只要能感受到自己的心就可以。

- 邀请你用身体的感觉来了解自己的心，一起探索心的各种特质。

- 我们会留意它的状态：

  - 先留意它是否敞开。

  - 它是柔软的、坚硬的还是粗糙的？

  - 它是堵塞的、流动的还是流畅的？

- 留意你的心里有多少空间：

  - 感觉是拥挤而密闭的，还是宽敞的？

- 在探索中，你可能会发现，在心里的不同位置，感觉也是不一样的：

  - 可能开始是关闭的，但是后来是敞开的。

  - 或表面是柔软的，但是底部是坚硬的。

  - 或许内在的能量在有的地方是流动的，而在有的地方是堵塞的。

  - 也许你心里有些地方有紧张和压迫感，而其他地方却感觉宽敞又放松。

- 以上那些让你感到关闭、紧张、堵塞或者粗糙的部位，都是内在保护部分的呈现。

- 如果你愿意，可以花一点时间了解这些保护部分。

- 如果可以，请带着一点好奇，了解一下，如果把心完全打开，这些保护部分在担心什么。

  - 或许它们让你的心变得柔软。

  - 或许它们不再试图让心感觉紧张或压迫。

- 它们也可能会告诉你，它们在保护你内在的脆弱部分。

  - 现在你并不需要马上转向那些脆弱的部分，只是从保护部分了解一些它的信息就可以了。

- 当你逐渐了解这些保护部分是如何努力地保护脆弱部分时，请向它们表达你的爱和感激，谢谢它们为了保护你的心所做的一切努力。

- 注意它们对你的感激有什么样的反应和回应。

- 现在我们并不要求它们做出任何改变，我们也不期待它们有所改变。

  - 我们只是了解它们的恐惧并表达对它们的感激。

  - 在未来的某一天，如果它们认为可以，觉得这是个好主意，它们可能会让你走近这些脆弱的部分，来疗愈它们。

  - 这样勤奋的保护者部分也会自然地放松下来，允许你敞开自己的心。

- 在通常情况下，保护部分也许并不相信你真的可以疗愈脆弱的部分。它们会认为，在未来甚至整个余生被迫让心敞开都是一件难以接受的事情。所以你可以非常确定地让它们知道：疗愈是可能的，不需要为此而感到压力。

> ● 如果你觉得对保护部分的拜访可以告一段落，那就做几个深呼吸，把自己带回到当下，感受一下此时此刻身体的感觉在离开之前，真诚地感谢它们让你了解了这一切，也感谢它们为了保护你的心所做的努力。

4.6F 中的最后两步：建立关系和了解保护者的恐惧

6F 的最后两步是我们了解保护者的途径，理解它们的目的和担忧（特别是对被放逐者的担忧）并赢得它们的允许来帮助受伤的部分。在这一节中，我们会看到与建立关系相关的共情与关怀的科学，以及与保护者恐惧相关的创伤的神经生物学。

（1）第五步：建立关系

我们发现并聚焦一个目标部分，将它具体化、分离，通过来访者身上足够的真我能量，我们就有机会来进一步了解这个部分，增进它和来访者真我的关系。

- "你的工作是什么？"
- "你保护谁？"
- "你怎么知道的？"
- "你想告诉来访者什么？"
- "你多大了？"
- "如果不做现在这份工作，你想做些什么？"
- "你觉得来访者多大？"

1）询问保护者的意图

我们引导来访者询问保护者的意图和责任，支持来访者以尊重、关心和开放的心态来聆听保护者。新的 IFS 治疗师看到来访者的部分非常多，会感到胆怯，但这并不是障碍。部分很像俄罗斯套娃：部分中还有部分。我们不必要求来访者命名所有的部分，也不必引导他们的部分注意到其他的部分。如果有时谈论的方向偏了，也没关系，仍然坚持聚焦在出现的部分上，了解围绕在被放逐者周围像蜂巢一样的保护者。让来访者的系统带领我们探索，我们只需要了解系统需要我们知道的，帮助治愈的发生。

2）建立关系会帮助分离

建立关系是 IFS 治疗师的工作。只有部分愿意给真我腾出空间，来访者的部分与真我才有可能建立关系。而聚焦于保护者与真我的分离，真我才能呈现。

3）倾听内在

我们需要确认来访者是否在倾听状态，让部分感觉到被认可，然后再聚焦于帮助部分和来访者的真我建立关系。首先，保护者需要知道来访者是理解它们为什么需要做这些工作的。我们治疗师自己要塑造我们建议来访者在内心培养的态度：尊重保护者的努力，相信它们的初衷是积极的，并对它们的恐惧保持好奇。不带评判而充满友善。当部分和真我完全分离时，真我呈现最好的证据是爱、关怀和想要帮助他人的愿望。我们要在自己和来访者身上寻找这些品质。

与保护者建立关系

──────────── 发现 ────────────

治疗师：我注意到一个有时会过度反应的部分。你意识到这个部分了吗？

内奥米：这就是我。我这样已经很多年了。

● 过度反应的部分与内奥米的真我是融合的。

治疗师：我理解这种感受，我们可以带着好奇，了解一下这是不是一个想要保护你的部分？

● 表示认可并坚持。

内奥米：认为这只是我的一个部分，我觉得很奇怪。

● 对内奥米的内在系统来说，过度反应的部分可以分离出来，这是一个全新的概念。

治疗师：我知道。我们可以问问，它愿不愿意与你分开一点，这样可以帮助我们更加了解它？

● 表示认可并坚持。

内奥米：我不知道怎样做。

● 再次表明，分离对于内奥米而言是一个新概念。

治疗师：我可以帮忙。请回想一个你最近过度反应的场景。

● 安抚并引导。

内奥米：好的。上一周，我发现公司想要我申请地区经理，然后我崩溃了。

-------------------- 聚焦 --------------------

治疗师：非常好，现在聚焦在那个部分，看看你能不能与它保持一些距离，然后让它告诉你为什么会那样反应。

内奥米：挺好笑的，我总是听见一个声音"你得准备好！时刻做好准备"。

● 她开始关注倾听内在。

治疗师：你知道这是怎么回事吗？

- 看看她是否知道是什么激发过度反应的部分。

内奥米：不太了解。

-------------------- 感受 --------------------

治疗师：你想知道吗？

- 确认她对于这个部分有足够的真我能量。

内奥米：肯定的，因为我不知道原因。

- 她确实有足够的真我能量。

-------------------- 建立关系 --------------------

治疗师：太棒了。告诉这个部分你很好奇，然后问问它想告诉你什么。

内奥米：它不喜欢意外。意外是不好的。特别不好！

- 这个保护者第一次直接交流。

治疗师：还有吗？让它多说点。

内奥米：我经常看到我的父母，主要是我的母亲，她会在我犯错的时候突然对我大喊大叫。我非常恐惧。

治疗师：肯定会的。听起来这部分非常努力地想让你准备好，这样你再也不会像那样被惊吓到了。

内奥米：是的，没错。我在很多事情上都过度准备了，我估计自己在感觉没准备好的时候也会过度反应。我没有意识到这和母亲一直对我大喊大叫有关。

- 现在内奥米没有与这个部分融合，而是和这个部分建立关系，她能理解这个部分对于意外发生时过激反应的原因了。

治疗师：告诉这个过度准备、过度反应的部分，我们非常理解它，也很感激它这么努力地保护你。

内奥米：它喜欢这样做。它不习惯被人感激。

我们在本书中一直强调，被放逐者淹没是保护者的第一大恐惧。幸好这个问题不难解决。

正如这个案例所展示的，当保护者没有和真我分离的时候，我们可以说这个部分"在驾驶座上"或者来访者在以这个部分的视角看世界。帮助部分分离为接下来的治疗做好了准备。

练习

保护者建立关系

说明：你倾听保护者的时间到了，确保处在舒适、安全的状态。然后，扫描你的内在并且问自己：

- "我对于这个_____的部分有什么感受？"

如果答案是好奇的、关怀的，（你）可以继续。

如果有任何其他的答案，察觉一下自己内在反应的部分。

问这个部分：

- "你需要我做些什么呢？"（或者你害怕发生什么，你注意到发生什么了吗？）

当有反应部分出现，首先认可它的经历：

- "你对我（来访者）与老板对峙感到焦虑是有道理的。你愿意放松一点帮助我们了解你在担忧什么吗？"

4）建立关系的科学：共情与关怀

一旦目标部分和真我分离，开始建立关系，我们也可以把这个过程看作对内在依恋的工作。我们帮助来访者发现这是哪个部分，它想分享什么：比如，它做什么工作？它多大？它在保护谁？

神经科学家所做的关于关怀和共情的神经网络描绘，帮助我们理解治疗师与来访者相处的两种截然不同的方式：共情意味着我们与另外一人有同感，而关怀不仅有同理心，还包括想要帮助他人的愿望。共情可能会导致倦怠，而关怀则带来韧性（Singer and Klimecki，2014）。

在 IFS 中，我们把共情看作一个（或多或少）融合的体验，此时治疗师或者来访者的真我感受到部分所感受到的。相反，关怀是一个分离的体验，治疗师和来访者的真我同时在线，带着宽广的视角和耐心。在真我和部分建立信任和联结的治愈旅程中，部分通常需要在关系中同时体会到这两种方式。得到同感（共情）和帮助（关怀）会让它们感到非常舒适和安全，从而愿意呈现脆弱。

（2）第六步：探索保护者的恐惧

与保护者交流可能会很有挑战性，因为它们可能会有反应，会触发被放逐者的情绪，还可能会激发治疗师或者来访者其他的保护者。我们需要保持自我觉察，诚实地对待我们的部分，照料那些被激活的部分，减轻它们对治疗的影响。保护者还会以各种理由拒绝接受帮助，而它们的担忧通常需要我们在 IFS 治疗中花费大量时间。下面是一些常见的恐惧和我们的应对方式。

①如果不做这份工作，它们就会消失。

- 我们安抚这个部分："你不会消失。你现在是露西的一部分，以后也会是。治疗这个创伤会帮助你自由。"

②如果保护者允许来访者的真我出现，这个治疗会结束，与治疗师的关系也会结束。

● 我们告诉部分："你仍然可以保有这段关系和空间。"

③一个秘密会泄露。

● 我们探索这个秘密的危险，处理任何担心其后果的错误信念。

④来访者会被痛苦淹没。

● 我们确信来访者的真我有足够的能力处理部分强烈的情绪。

⑤治疗师没有办法驾驭来访者被放逐的痛苦。

● 我们强调这不是治疗师真我的真实呈现，治疗师会识别并照料在治疗过程中出现的任何有反应的部分。

⑥如果这个部分放松，另一个极端的保护者会接管。

● 我们提议与这个极端的保护者谈判。如果它出现，要征求所有部分的允许才能继续进行。

⑦真我的能量是危险的，而且会吸引惩罚。

● 我们探索早年真我出现时被惩罚的经历，然后我们慢慢把真我介绍给部分，让它们以自己的节奏来体会，不会出现不良的后果。

⑧真我不存在。

● 我们确信地告诉来访者真我是无法被摧毁的，如果部分愿意放松，真我就会自然出现。

⑨治疗师或者其他部分，会因为这个部分曾经所做出的伤害而评判它。

● 我们表示关怀并安抚部分，明确表示作为治疗师，我们不会评判。如果来访者批评的部分出现了，可以直接与它交流。

⑩变化会影响和动摇来访者的内部系统。

● 我们探索部分对于变化的恐惧和信念，确信地告诉来访者真我会帮助系统稳定。

1）探索恐惧

有时保护者会自发地表达恐惧："如果我让真我进来，会发生什么？"
但如果没有，我们会出于两个原因询问保护者的恐惧：

- 首先，恐惧会指向一个极端的保护者或者揭露出被放逐者，而我们想要这个信息。
- 其次，害怕的保护者需要帮助。除非保护者感到安全，否则我们没有办法接触到来访者的真我或者被放逐者。所以我们需要询问保护者它们在害怕什么。

"如果你不做这份工作，会发生什么？"从部分的回答中我们可以了解很多信息，特别是：

①如果一个保护者因为害怕被情绪淹没而拒绝放松，我们提议淹没的部分（一般是被放逐者）不要淹没内在世界。

- "我听你说你担心肖恩（来访者）会被情绪淹没。特别能理解，我们也不想那样。如果你愿意，我们可以请求那个部分不要淹没。"

②如果一个保护者害怕一个极端的保护者对来访者会有太多影响，我们建议将来访者的真我置于争论双方的中间（Krause，Rosenberg & Sweezy，2016）。

- "如果你担心的部分愿意坐下来与你和肖恩谈一谈，不会淹没，你愿意吗？"
- "肖恩，你听见所有这些部分是怎样努力地帮助你了吗？让它们知道你珍惜它们的努力，并询问它们是否足够相信你能创造空间让你们三方进行交流。"

③最后，如果被放逐者淹没了来访者，治疗师可以直接与它对话。

- "你能在这里，我真的很高兴。我看见了，你很害怕。你愿意留出一点空间，让肖恩也待在这儿吗？如果你让它进来和你一起，它会帮助你。"
- 注意：在这里我们鼓励你使用自己擅长且专业的方法。除非你接受过 IFS 训练，否则不要尝试用 IFS 梳理被放逐者。

2）第一恐惧：被放逐者淹没

保护者的第一恐惧是害怕被情绪淹没。它们见过淹没的发生，而且看到淹没对来访者的影响，通常是严重的抑郁、焦虑或反复住院。我们认可它们的恐惧并严肃对待它们的担忧。直接面对情绪淹没是 IFS 在处理创伤之前不需要稳定状态的一个原因。如果淹没不危险，保护者就会放松，而来访者的真我会在当下呈现并与部分同在。

认可并处理保护者对被放逐者淹没的恐惧

治疗师：感谢这个部分愿意与我们分享它的担忧。告诉它，我们可以请那个感觉糟糕的部分不淹没你。

● 大部分被放逐者在意识到分离并与真我同在是得到关注的最好方式时，会同意不淹没来访者。

治疗师：你听见了吗？这个部分说它不会淹没。我们现在可以和它谈一谈吗？

● 被放逐者同意不淹没之后，我们回来确认保护者是否愿意继续进行。

下面是一个案例：

请被放逐者不要淹没

———————————— 发现 ————————————

治疗师：看起来你有个一直想要跳出来的焦虑部分，你注意到它了吗？

皮特：嗯，它很难把持住自己。它不想在旁边等待。

- 这个部分是分离状态，皮特已经注意到它了。

聚焦

治疗师：问一问它为什么不舒服。

- 保持好奇。

皮特：它害怕我被淹没。

- 这是典型的保护者害怕被被放逐者淹没的恐惧。

治疗师：它可以说多点吗？

探索保护者的恐惧

皮特：有一个被橄榄球教练指责的部分，它担心这种情绪会淹没我。它说我们在玩火，我承受不了后果。

- 这种常见的恐惧是另一种描述被被放逐者淹没的方式。

建立关系

治疗师：它觉得你几岁？不要过度思索，直接说出答案。

- 它的答案可能会告诉我们受到保护的被放逐者。

皮特：它觉得我 17 岁。那时候我打橄榄球。

治疗师：我们给它一个和现在的皮特见面的机会，让它直视你的眼睛，让它告诉你它看见了谁。

- 眼神交流是一个探测部分或真我的秘诀（感谢迈克·埃尔金的洞见）。

皮特：哇，它真的很惊讶。它完全不知道我已经长大了。

治疗师：它是如何回应你的？

皮特：它看见我了，但还是觉得那些情绪对于我来说太强烈了。

- 这个保护者注意到皮特是一个成人，但是还没和皮特的真我建立联结。

------------------------------ 直接介入 ------------------------------

治疗师：我可以直接与这个感到被教练指责的部分对话吗？我会请求它不要淹没你。

- 治疗师提出通过直接与被放逐者交流的方式来解决保护者的担忧。治疗师也可以选择继续给部分介绍皮特的真我，请皮特和被放逐者沟通不要淹没。这两种方式都可以，但是直接介入更快一些。

皮特：那太好了。

治疗师：我想直接与这个被教练指责的部分对话。可以吗？

皮特：可以。

- 被放逐者在说话。

治疗师：我们可以帮忙。如果你不淹没皮特，你就可以告诉它发生了什么，我们就可以帮你永远地卸下这个痛苦。

皮特：怎么做呢？

治疗师：如果你停止淹没皮特，担忧的部分就可以放松，皮特的真我就可以帮助你。你想试试吗？

皮特：我想。但是我不确定我能不能做到。

- 被放逐者有分离的能力，但是并不习惯分离，因为它们可能将分离与被放逐过程联系起来了。

治疗师：没事，我们多练习就好了。

● 练习会帮助被放逐者保持分离但仍有联结的这种状态正常化。

皮特：好的。

治疗师：我们先从分享一点点情绪开始，大概 10%，可以吗？如果它只想分享一点点也可以。

● 这两种方式可以让被放逐者慢慢地分享它的情绪。另外一种方式是用调节音量（可以调高或者降低）的想象（感谢米基·罗斯"一次一点点"的技巧）。

治疗师（继续）：你准备好了吗？

皮特：准备好了。

治疗师：太棒了。让我先和皮特确认一下。皮特，你听见了吗？

● 将来访者的真我带进对话里。

皮特：嗯。

治疗师：担忧的部分也听见了吗？

皮特：对。

治疗师：你们俩都准备好这部分将分享它 10% 的情绪了吗？

● 请求允许。

皮特：准备好了。

治疗师：好的。皮特和担忧的部分都准备好让你分享 10% 的情绪。来吧，你感觉到了就可以开始了。

● 练习。

皮特：我感觉到了。

治疗师：目前的情绪程度可以吗？

皮特：可以。

···················· **建立关系** ····················

治疗师：让这个部分知道目前是可以的。这个部分对于将这些分
　　　　享给你有什么感受？

皮特：它感到有一些解脱。

治疗师：太好了。这样往下继续，可以吗？告诉它分享一点点也
　　　　是可以的，我们可以慢慢来。你准备停下的时候，也请
　　　　告诉我，我们可以谈一谈你们在一起时的感受。

● 促进部分与真我的关系。

　　正如这个例子展示的一样，我们可以和被放逐者交流，告诉
它停止淹没以得到帮助。治疗师的真我也可以帮助来访者的系统
感到足够的安全，从而继续进行探索。

3）科学：处理恐惧并与极端部分工作

　　与保护者工作的最后一步是理解它们的恐惧，这种恐惧是它们抵抗变
化的主要原因。我们可以问："如果不做这份工作你害怕会发生什么？"答
案会揭露伤口（"我会感到孤独"）或者呈现两极化（"自杀的部分会占领上
风"）。当我们过度评判、逼迫或强烈要求保护者时，它们的恐惧就会自然
上升，行为也会更加固化。在这方面，神经科学可以提醒我们：为了达到
最好的效果，如何进行干预治疗。

　　我们发现，评估症状（即保护者）是否始于交感神经激活或者副交感
神经抑制是非常重要的。例如，愤怒、恐慌、闪回和酗酒通常与激活有关，
始于交感神经系统；反之，麻木、解离、羞愧或者高度理性则与迟钝和抑制

有关，始于副交感神经系统。有些反应可能代表着高警觉或者低警觉，在决定采取干预措施之前，需要对它们进行分类。例如，一个想自杀的部分可能是激烈而冲动的高度反应状态，而安静地寻找解决痛苦的方法是低度反应状态。

治疗师需要时刻注意到自身部分的反应。例如，当你的部分被激活时，你会紧张、理性化还是控制？当来访者退缩时，你会过度用力、隔离，还是会生气？无论你注意到自己有何反应，如果你能够帮助你的部分放松，并且信任你的真我会与来访者同在，事情自然会向好的方向发展。

4）处理激活状态

正如我们所知，高警觉通过调动身体、激起强烈的情绪和关闭大脑中负责评估、处理和合理回应我们体验的区域来发出危险信号。当来访者处于高警觉状态时，我们要保持冷静、理性和不反应的状态，这样我们才能帮助来访者用语言表达出自己的感受，从而获得他们对目前状态的看法。当来访者无法从激活的部分分离出来时，我们直接与部分对话（直接介入），然后让真我能量进入来访者的系统，倾听并消除他们的烦恼。

这是一种应对来访者的交感神经高警觉的自上而下的方法——先认知评估，再转移到情绪，最后聚焦身体感受（Anderson，2016）。我们会给来访者一个合理的回应，在来访者被淹没时传递自信和清晰。我们展示力量，但我们并不试图控制来访者激活的部分。

如果来访者能意识到自己被激活了，可以暂时离开激活环境，用一些简单的自上而下的方法来帮助他改变状态。比如，查看邮件、看电视、读书或者和朋友交流。

最重要的是，当保护者被激活时，先不要做决定，不急于对目前的问题采取任何措施，等到大脑平静下来，部分就可以给予重新审视问题的空间。

保持平静并帮助一个愤怒的部分分离

约翰带着他的伴侣来到咨询室，他非常愤怒，迫切想要谈一谈昨天晚上的争论。

约翰：我对她很生气！在很多事情上，她总是将我们的儿子杰克放在中间，强迫他在我们之间选一个。为什么她不懂这（对杰克）多么具有破坏性？

治疗师：听起来很难。根据我对你的了解，我猜这种方式对于你来讲很有挑战性。

● 认可。

约翰：我想杀了她或者我自己。我不知道要先选哪个。

● 治疗师自己的一个恐惧的部分被激活了，他安静地请这个部分放松。

-------------------------------- 发现和聚焦 --------------------------------

治疗师：我听到了，你感觉特别生气。我不知道你的愤怒的部分愿不愿意稍微分离一点？

● 请过度警觉的部分分离。

约翰：你是认真的吗？我想你跟它一样无法控制我的情绪。

● 愤怒的部分不愿意分离，这对于愤怒的部分来说并不罕见。

-------------------------------- 直接介入 --------------------------------

治疗师：我现在是在直接和愤怒的部分交流，对吗？这样也可以。我听到你生气的原因是约翰的儿子被夹在中间，就

像约翰在他爸爸和妈妈之间一样，对吗？

● 直接与愤怒的部分交流，约翰坐回到椅子上。

治疗师：如果你可以稍微降低一点强度，我保证约翰会有一个可
　　　　行的方案来解决这个问题。

● 与愤怒的部分谈判，帮助它与约翰稍微分离。过了一会儿约翰
　的肩膀放松了，他的头稍稍倾斜。

约翰：你是对的。谢谢你一直陪伴在我身边。

● 愤怒的部分为约翰的真我腾出空间，他的交感神经激活水平下
　降了。

　　这个案例展示了治疗师在帮助来访者的反应部分分离的同时
需要照顾好自己的部分。采用直接介入的方法面对一个愤怒的、
有威胁性的、不愿意立即分离的部分。带着自信直接面对部分但
不试图控制它，帮助它放松。

在来访者处于高警觉状态时保持平静和不反应

　　诺亚一坐下来就立刻开始描述他和正处于青春期的儿子在上
个周末所发生的事情。

诺亚：我真的对他很生气。我完全失去理智了。我已经把规则讲
　　　得非常清楚了。我们不在家时没有我们的允许他不可以带朋

友来家里，而且绝对不能喝酒。我接到了警察的电话，因为我们的邻居报警说我们家有很大的噪声。我真的怒火冲天。

治疗师：我可以从你的讲述中看得出你有多么恼火。

诺亚：你不会生气吗？我到现在还觉得特别尴尬。

治疗师：这当然让人心烦。告诉你愤怒的部分，它这样反应是有道理的。

- 认可部分。

诺亚：我很高兴你能理解。

------------------------------ 发现和聚焦 ------------------------------

治疗师：如果愤怒的部分愿意分开一点点，我们可以更好地倾听它。

- 分离。

诺亚：你不害怕我的情绪吗？

治疗师：完全不害怕。我知道你的情绪有特别重要的信息要提供给我们。

- 继续认可部分。过了一会儿，诺亚的声音和姿态变得柔和了。

诺亚：在我小的时候，没人能受得了我的情绪。我从来不会伤害任何人，我只是情绪比较强烈。

------------------------------ 建立关系 ------------------------------

治疗师：告诉愤怒的部分，我们可以接受它的情绪，而且我们欢迎它的分享。

- 欢迎这个吓到过其他人且经历过不被允许的部分。

҉

一般情况下，愤怒的部分对拒绝特别敏感。但正如这个案例展现的一样，当感到被真挚地关心和欢迎的时候，它会平静下来而且充满感激。

来访者处于高警觉状态时如何联结认知思维

治疗师走到等待室，接待预约下午一点治疗的蒂娜。她明显很焦虑。治疗师和她打招呼，在他们回到治疗室的过程中蒂娜就开始说话，无法耐心等待。

蒂娜：我老公有外遇了！

治疗师：等我们进入治疗室后你可以告诉我更多信息。

蒂娜：我的天，我好崩溃！

治疗师：我们马上到了。

● 治疗师关上治疗室的门。

治疗师：告诉我发生了什么？

蒂娜：我昨晚在他的手机上看见其他女人发过来的信息。

治疗师：信息说了什么？

蒂娜：就要见到你了，我等不及了。

治疗师：这就是全部？

蒂娜：对。这个女人是谁？他为什么要背叛我？

隐性直接介入

治疗师：稍等，我们一起弄清楚。你问他关于信息的事了吗？

- 治疗师没有询问能不能与蒂娜恐慌的部分谈话，而是直接与部分对话，充当治疗系统中的真我，这与征求直接和部分对话所允许的"显性直接介入"不同，我们把这种方式叫作"隐性直接介入"。

蒂娜：当然没有。那样他就知道我知道了。

治疗师：你看到这个人发的其他信息了吗？

蒂娜：没有。

治疗师：那为什么你确定他有外遇？

蒂娜：还有其他的可能吗？

发现

治疗师：嗯，也有可能是工作上的同事，或者是位老朋友，或是柏拉图式的友情呢？我看到你有一个被激发的部分，我想问问她愿不愿意给你一点空间？

蒂娜：现在我的整个婚姻都陷入危险之中，我怎么放松？

继续深入

治疗师：我听见这部分现在不想放松。我可以问一个问题吗？你能听见其他持有不同观点的部分吗？

蒂娜：啊，其实，我开车来的时候，有一个认为这可能是一个误会的想法在我脑中划过。

治疗师：那个部分想告诉你什么？

> ❧
>
> 　　正如这个案例展示的一样，即使有些部分的看法可能被过去的经历完全扭曲，我们依然可以询问其他部分的看法。

自上而下分离交感神经激活部分的方法

①提供一个理智的视角，帮助来访者理解其反应。

②认可来访者的体验并将感受转化成语言："我想你现在的感受是……"

③清晰聚焦并表达关怀。

④如果这些方法都没有帮助部分分离，采用直接介入的方法（Anderson，2016）。

5）处理抑制状态

　　另外一种情况是，危险持续上升会激发副交感神经系统的背支，关闭大脑若干重要结构，开启低警觉状态，切断了来访者与其身体、情绪和思想的联结（Anderson，2016）。这代表的是严重损害的危险性上升。

　　低警觉状态是一种过度抑制的状态（Lanuis，2010），需要不同的治疗和干预方法。从更低级、更原始的大脑结构开始，低警觉可以连续发生，有的来访者几乎无法获得身体感受但仍然可以识别情感和想法，另外的来访者可能是身体和情感完全断离但仍然有思维能力（Anderson，2016）。高度理性的来访者经常是这样，他们与感受和情绪的联结是切断的。在低警觉状态下我们采用自下而上的干预治疗，首先聚焦于身体的感知，然后聚焦于情绪，最终会在信念层面帮助这些部分分离。

　　下面这些问题可以帮助你判断来访者抑制的程度：

- "你能意识到你的双脚接触着地面吗？"
- "你可以做一个深呼吸吗？"

- "你可以看看我吗？"

- "你可以用语言描述你此刻的感受吗？"

在回应抑制状态的时候，我们要给警醒的部分充足的时间、空间和它们需要的帮助，因为从抑制状态恢复过来比从激活状态恢复过来的时间要长（Porges，2011）。如果来访者呈现出完全关闭的状态，我们再次通过直接介入来帮助来访者更快地进入静观的状态。

慢下来并在低警觉状态时采用直接介入

　　阿丽尔在咨询中的时候，治疗室的门突然被打开，有人大声地询问："约翰逊医生的办公室在哪里？我第一次来这儿，迷路了。"阿丽尔僵住了，门也被关上了。

·············· 治疗师是治疗系统中的真我 ··············

治疗师：你还好吗？你能听见我吗，阿丽尔？你可以看看我吗？

- 没有反应，这告诉治疗师她的副交感神经系统被激活了。

治疗师：你可以告诉我发生了什么吗？我看到你在挣扎。你可以做一个深呼吸吗？

- 阿丽尔依旧没有反应，这告诉治疗师她已经完全关闭而且没有感到安全。

治疗师：你可以动一动手指吗？

- 她的手指动了动。

治疗师：太棒了。

- 既然她可以调动她的身体，就不是完全没反应，治疗师开始直接与接管她的部分对话。

-------------------- 直接介入 --------------------

治疗师：我现在要与接管的部分对话。我在这里陪着你，我和你
　　　　在一起。我不会以任何形式逼迫你。我们可以就这样待
　　　　着，直到你感到安全。一切都是你说了算，我相信你。

● 几分钟之后阿丽尔做了一个深呼吸，治疗师知道她回来了。她
　　稍微适应了一下并查看四周。

阿丽尔：我刚才进到衣柜里了，那里又黑又安静，我可以在远处听
　　　　到你的声音，但是我想如果我保持安静就没人会发现我。

　　正如我们在这个案例中看见的，有些有创伤经历的来访者会
进入一种副交感抑制状态来应对威胁。我们了解到有一个部分在
内在世界中采取了逃避策略，而当我们直接与它对话，安慰它且
不施加任何压力时，来访者就可以恢复。

　　副交感神经低警觉时需要采用自下而上的方法来帮助来访者分离和转
移状态。过于主动和过多的参与或太过直接都可能会吓到部分，使它进一
步隔离。应对低警觉状态的方法是以情绪或身体为基础，如散步或者跑步、
做瑜伽、修整盆栽、做爱、听音乐或者看电影。

自下而上分离副交感神经抑制部分的方法

　　①评估来访者抑制的程度："你能听见我说话吗？你可以做一个深呼
吸吗？"

　　②首先聚焦于身体，然后是情绪，最后是信念，来帮助来访者感受，

而不是分析他们的反应。

③表达联结和支持。

④不刻意设定目标：慢下来，表达信任。

⑤如果这些方式都不奏效，采用直接介入的方法（Anderson，2016）。

治疗师的部分与极端的保护者

说明：找到会触发你的来访者一同做下面的练习。一个"激活的部分"触发了你，另一个的"抑制的部分"也触发了你。

想起一个触发你的来访者：

● 把这个人带到你心里。

● 把这个人放进一个有窗户但锁着门的房间里。

● 你待在房间外面，通过窗户看着来访者。

● 现在看着来访者做出触发你的事情。

注意你被触发的部分，然后写下来：

_____

_____

_____

看看你被触发的部分是否愿意分离，帮助你更清楚地了解它。

_____

_____

_____

注意来访者的部分是被激活（高警觉）还是被抑制（低警觉）。

_____

_____

_____

注意你的部分回应来访者的部分时，是被激活还是被抑制。

现在邀请你的部分站在你的身后，让你的真我与来访者的部分待在一起。

你的部分见证真我和来访者待在一起时有什么感受？

_____

_____

_____

你的部分愿意在下一次见到它们的时候让你与来访者待在一起吗？

_____

_____

_____

当你感觉完成的时候，请将来访者从房间邀请出来，然后感谢你的部分，邀请它们与你分享它们的经历。

6）直接介入

经历过极端依恋关系破裂的来访者通常有一个不相信任何人的保护者（有时是被放逐者）。这些部分经常把真我深藏在身体内外来确保安全。它们需要认可、帮助和与治疗师的直接关系才能接受治疗。如果没有这些基础，保护者可能不愿分离或者拒绝交流，或者被放逐者反复地淹没来访者。

直接介入与内在沟通的不同

与内在沟通（治疗师、来访者的真我和来访者的部分这三方的沟通）不同，直接介入是一种双方沟通。治疗师的真我直接与来访者的目标部分对话，询问部分是否允许来访者的真我加入这个沟通。

在直接介入的双方沟通中，不需要遵循前四步（发现目标、聚焦、具体化、感受），就从治疗师的真我与来访者的部分谈话开始。当我们采用直接介入时，从第五步开始，先和这个部分建立关系，然后再在第六步探索部分的恐惧。

如何直接介入

治疗开始时，治疗师征求部分的允许，直接对话。我们用一个解离的部分做演示。

- "我可以直接与这个将你带离的部分讲话吗？"

来访者点头。

- "太棒了。想把玛格利特带离的部分，你在吗？"

第五步：建立关系

了解目标部分，并与她建立友好的关系。

- "你在保护玛格利特什么呢？"
- "你要做带离她的这份工作呢？"
- "你保护的是谁？"
- "你想告诉玛格利特什么呢？"
- "你做这份工作的感觉怎么样？"
- "你做这份工作多久了？"
- "你几岁了？"

第六步：恐惧

了解保护者的恐惧，这是治疗中的第一大障碍。

- "如果你不这样做，你担心会发生什么？"

正如我们前面提到的关于使用内在沟通时引发的恐惧，保护者通常会有如下典型的担忧：

①如果不做这份工作，它们就会消失。

②如果保护者允许来访者的真我出现，治疗会结束，来访者与治疗师的关系也会结束。

③秘密会被泄露。

④来访者会被痛苦淹没。

⑤治疗师没有办法驾驭来访者被放逐部分的痛苦。

⑥如果这个部分放松，另一个极端的保护者就会接管。

⑦真我的能量是危险的，而且会吸引惩罚。

⑧真我并不存在。

⑨治疗师或者其他部分会因为这个保护者曾经所做的伤害而评判它。

⑩变化会影响和动摇来访者的内在系统。

在直接介入时，我们聆听并理解部分在系统里的角色，认可它工作的重要性，无论目前部分带来的后果有多大的害处，在过往的某个时刻，那都曾是生存所必需的。

下面是三个直接介入的案例：

● 第一个非常简单直接地展示直接介入。

● 第二个展示如何从内在沟通无缝联结到直接介入。

● 第三个展示面对拒绝单方面分离的极化部分时采用直接介入。

采用直接介入来了解保护者

治疗师：我能与躲避派对的部分直接讲话吗？

来访者：可以。

治疗师：好的。

● 请求允许，治疗师现在可以直接与这个部分对话。

治疗师：躲避派对的部分，你在吗？

来访者躲避的部分：在。

-------------------------------- 探索保护者的恐惧 --------------------------------

治疗师：如果乔去派对，你担心会发生什么？

部分：他会让自己很尴尬，之后几天他会一直批评自己。

● 躲避的部分在指明其他部分。

治疗师：你是说他有一个会感到尴尬的部分和一个会批评自己的
　　　　部分？

部分：不。我是说他有一个会让自己尴尬的部分和一个在这之后
　　　会批评自己的部分。

治疗师：我知道了。让他尴尬的部分会做什么？

部分：多嘴，话太多了，还说错话，让别人感觉他很怪异。

治疗师：如果让他尴尬的部分承诺不接管，你会让乔多了解尴尬
　　　　的部分吗？

● 治疗师想多了解这个尴尬的部分。它是一个寻求帮助，向陌生
　人揭露乔生活的隐私部分吗？还是一个有目标的保护者，就像
　是努力吸引人们来照顾乔的被放逐者？

部分：我想可以吧。不过我不知道它为什么要这样做。

● 躲避的部分对尴尬的部分有非常明显的负面看法。

治疗师：乔可以了解尴尬的部分是需要帮助还是在保护其他部分。

部分：嗯……我没想过这个。

治疗师：如果你愿意，我可以给乔展示如何在这两种情况下帮助

尴尬的部分。如果不管用，你可以继续躲避派对。

部分：好的，你可以试试。

最初，与来访者尝试直接介入可能会感觉有些尴尬和奇怪，但是这是了解保护者恐惧的绝佳方式，尤其是当我们面对的是特别谨慎而不愿意敞开的保护者时。我们在这里了解到，乔逃避的部分同时密切关注着其他极端的部分，所以直接介入，与它对话帮助我们发现了一个乔的内在世界至关重要的动态，而采用内在沟通是无法了解到这一点的。

从内在沟通转移到直接介入

────────── 发现：内在沟通 ──────────

治疗师：你有一个喜欢掌控一切的部分，而且它认为它就是你。我感觉到那个部分现在正在掌控着你的内在世界。你觉察到了吗?

● 确认这个部分与来访者真我的融合程度。

加布里埃拉：我感觉不太明显，感觉那就是我。

● 部分高度融合。

────────── 转移到直接介入 ──────────

治疗师：我听见了。我猜这部分在你的生活中挺活跃的。我想知道你愿不愿意让我直接与她对话，这样我们就可以更好地了解她。

加布里埃拉：可以。我真的没注意到那是一个部分。

-------------------------- 直接介入 --------------------------

治疗师：谢谢你的信任。操持加布里埃拉的日常生活并掌控全场
　　　　的部分，你在吗？

加布里埃拉的管理者：总需要有人主管。

治疗师：为什么需要有人主管呢？

加布里埃拉：总要有人站得高一点，控制全局。

-------------------------- 建立关系 --------------------------

治疗师：所以你就是那个站得高，掌管全局的部分，对吗？

加布里埃拉的管理者：对，必须这么做。

治疗师：为什么这么说？

加布里埃拉的管理者：她总是被淹没，几乎接受不了任何事情。
　　　　　　　　　　她直接屏蔽了。

治疗师：了解了！听起来你在做一个很重要的工作。你可以告诉我
　　　　你在哪里吗？在加布里埃拉身体的里面还是周围？

● 认可这个部分并在来访者的身体中定位。

加布里埃拉的管理者：我无处不在，必须在，但大部分时间我在她
　　　　　　　　　　的大脑里。就像我之前说的，得有个人主管。

-------------------------- 探索保护者的恐惧 --------------------------

治疗师：如果你不主管和控制全局，会发生什么？

加布里埃拉的管理者：我无法想象撒手不管会是什么样子，我已
　　　　　　　　　　经管得太久了。

• 建立关系 •

治疗师：我特别好奇，你知道你从什么时候开始做这份工作吗？

加布里埃拉的管理者：你敢弄糟试试？

治疗师：谁在说话？

加布里埃拉的管理者：她爸爸总是骂她。她总做错事，不如她姐
姐聪明。她爸爸在遇到她妈妈以前，在军
队里服役，他很严厉。

治疗师：这样就能理解了，看看我了解的对不对。你是加布里埃
拉主管和控制全局的部分，总是努力做对的事情，这样
总是被爸爸批评和责骂的小女孩就不会继续犯错。对吗？

● 探索部分的工作。

加布里埃拉的管理者：完全正确。

治疗师：如果我告诉你，有另外一种方式可以解决这个问题，你
不需要这么努力工作，你有兴趣继续听吗？

● 邀请部分尝试新的方法。

加布里埃拉的管理者：我无法想象不做这份工作。

治疗师：这完全取决于你的选择。如果你让我们接触那个小女
孩，加布里埃拉可以帮助疗愈过去的伤痛并保证她的安
全，这样你就不用继续做这份工作了。

加布里埃拉的管理者：那样真的很棒，但我觉得无法实现。

治疗师：非常理解。我知道怎么做，但是我们需要你的允许才能
接触这个小女孩。

● 表达自信和请求允许。

加布里埃拉的管理者：我试试看。

治疗师：很棒！谢谢你愿意与我分享。这非常有帮助。

加布里埃拉的管理者：我很高兴有人愿意听。

-------------------------- 回到内在沟通 --------------------------

治疗师：你可以把加布里埃拉带回来吗？加布里埃拉，你听到刚
　　　　才的过程了吗？

加布里埃拉：哇，听见了！我完全不知道那个部分在保护那个小
　　　　　　女孩。我很感谢它！

治疗师：告诉它你很感谢它。

加布里埃拉：它喜欢这种认可。

　　我们因为保护者固执、不愿分离而采用直接介入的方式，这
也是一个可以与它成为朋友的特殊机会。在被邀请的时候，即使
安静的部分也会自由地发言。我们在加布里埃拉的案例中看到，
最固执的保护者通常也是最机警和英勇的。

对拒绝分离的极端保护者使用直接介入

　　卡米尔与男朋友马修的关系时断时续。有一天，她的男朋
友突然从另外的一个州打电话过来向她求婚。那个时候是午休时
间，她在外面散步。她描述当时她停下来并在电话里尖叫，路过
的同事和路人都非常惊讶和疑惑。

卡米尔：他以为他是谁！

● 卡米尔现在和愤怒的部分没有分离。

-------------------------------- 发现 --------------------------------

治疗师：哪个部分需要你的关注，卡米尔？

卡米尔：他简直浑蛋！我跨过整个州和他在一起，现在我回来了，他却打电话求婚！

● 愤怒的部分无视这个邀请。

治疗师：这个部分吗？

● 治疗师继续邀请来访者的真我。

卡米尔：我好丢脸。你知道当时路上有多少人吗？那天周一，天气也很好，而且是午休时间！

● 这是一个极化的保护者，评判部分。

治疗师：这个部分吗？

● 治疗师又一次邀请来访者的真我。

卡米尔：我不会答应他的。那样我还不如躺在地上任人践踏。

● 评判部分也无视治疗师的邀请。

治疗师：此刻我听到有两个部分，我很确定之前也见到过它们。有一个部分对马修非常生气，还有一个部分因为你的生气而斥责你。哪个部分优先需要你的关注？

● 治疗师指出两个极化部分之后再次邀请来访者的真我，这当然需要部分愿意分离才行。

卡米尔：他是一个没用的浑蛋。我要把他的联系方式从我的手机上删除。

● 愤怒的部分又跳了回来。这些部分都不愿意分离。

-------------------------------- 直接介入 --------------------------------

治疗师：那我直接和这些部分对话，可以吗？我想和对马修生气

和批评卡米尔的部分说话。你们都在吗？

卡米尔：在。

治疗师：你们愿意轮流说话吗？

- 治疗师要求它们合作。

卡米尔：可以。

-------------------- 与两个部分直接介入 --------------------

第一部分：

治疗师：我想先和批评卡米尔的部分说话。如果你不批评她，你
担心会发生什么？

- 治疗师选择先和批评的部分说话，因为愤怒的部分可能不会在
批评的部分之前配合。

卡米尔的批评部分：她会疏远所有人。

治疗师：那就坏了。我们不想让她疏远所有人。如果她能帮助感
到受伤的部分，她就不用感到如此生气。你还需要这样
批评她吗？

- 治疗师认可批评部分的担忧并提供了一个新的选择。

卡米尔的批评部分：她总是会生气。

- 批评部分并没有看到来访者的真我而只是看见愤怒的部分。

治疗师：我一会儿会和愤怒的部分交流。但我说的"她"是卡米
尔的真我，不是卡米尔的任何部分，她可以帮助愤怒的
部分和感到受伤的部分。你认识她吗？

- 治疗师介绍了卡米尔具有真我的观点。

卡米尔的批评部分：不认识。

● 治疗师肯定真我能公平地帮助两个保护者。

治疗师：我现在和愤怒的部分交流，你可以和愤怒的部分一起看看谁不是部分的卡米尔吗？

卡米尔的批评部分：好的。

第二部分：

治疗师：谢谢。愤怒的部分，你在吗？

卡米尔的愤怒部分：在。

治疗师：你在保护谁？

卡米尔的愤怒部分：卡米尔。

治疗师：她多大？

● 答案"卡米尔"代表愤怒的部分保护着一个被放逐者。

卡米尔的愤怒部分：16 岁。

治疗师：那么 16 岁的卡米尔需要帮助。在征得你允许的情况下，卡米尔的真我（不是任何部分的卡米尔）可以帮助她……然后你就不用这么辛苦地工作了。这样可以吗？

● 治疗师认可愤怒部分的担忧并提供一个新的选择。

卡米尔的愤怒部分：好。

　　有时极化的两个部分会在争论的过程中轮流接管。结果看起来像是住在同一个身体里的两个人在进行奇怪的争执一样。

　　一旦卡米尔极化的保护者同意，她们可以见到她的真我而且转移到内在沟通状态，卡米尔就可以帮助治愈被放逐者，然后两个部分可以同时松开她们保护的角色。

部分具体化

说明：确定一个保护部分，然后直接用具体化的方式感受这个部分。

邀请一个部分，请它向你展现它为你做了些什么。

- 这个部分也许想要以某种方式运动。
- 它也许想说话（或者唱、喊……）。
- 它也许有特定的姿势或者表情，想让你注意到它。

问这个部分你理解得对不对。

- 问一问它：以这种方式帮助你多久了。
- 问一问它：如果不这样做会发生什么。
- 问一问它：你是否完全理解了它的职责，是否还有更多未理解到的。
- 问一问它：你是否可以帮助被它保护的部分。

直接介入

说明：直接介入是一种双方交流，也就是治疗师的真我直接与来访者的目标部分谈话，间歇性地询问来访者的真我能否加入这个交流中。在直接介入中，治疗师直接与部分交流。

你可以对来访者使用直接介入，或者为了练习，与同事组织一场角色扮演。你也可以让来访者的保护者具体化，通过更换椅子或沙发，在治疗师和来访者之间进行角色切换。下面请与一个保护者尝试这个练习。

1. "我想与保护者直接交流。保护者，你在吗？"

_____

_____

_____

2. "你为_____（玛丽安）做了些什么？"

_____

_____

_____

3. "你这样工作多久了？"

_____

_____

_____

4. "工作的感觉怎么样？"

_____

_____

_____

5. "如果你不这样做，你担心会发生什么？"

_____

_____

_____

6. "如果我们可以帮助那个部分（如果你不做，就会出问题的部分），你还需要做这份工作吗？

_____

_____

_____

7. "你见过不是部分的 _____（玛丽安）吗？"

_____

_____

_____

8. "你愿意见她吗？她可以帮助你和你保护的那些部分。"

_____

_____

_____

9. "如果那个部分同意不淹没她，你愿意允许_____（玛丽安）帮助你担心的那个部分吗？"

_____

_____

_____

我们对于保护者的邀请

无论我们采用内在沟通还是直接介入，一旦我们用 6F 采访保护者，就可以预期它会感受到真我对他的工作和恐惧会有一个很好的了解。如果我们到这里的进程都很顺利，那么我们与部分就建立起了联系，可以为它提供一个面对被放逐者潜在问题的新方法。我们邀请这些辛苦工作的保护者尝试新的方法，它们的努力通常带来的最好结果也就是好坏参半。作为激励，我们确定地告诉部分在尝试新方法的时候几乎没有风险，因为它们总是可以回到之前的旧工作和旧方法中，伤口可以被治愈，部分与真我在一起也是非常安全的。

我们对保护者说什么

"如果这个小女孩不再感受到孤独的痛苦，你还需要保护她吗？"

"有一个方法可以治愈她。而且一旦她被治愈，你就有了自由，可以去做其他事情。你有兴趣吗？"

保护的部分一般都是从过去某一时刻被迫进入现在的角色，所以它们通常非常欢迎能有解脱出来的机会。我们安慰它们，但不是想要摆脱它们，而是想要帮助它们摆脱工作的负担。用这种方式，我们为它们提供一种新的可能和面对未来的希望。

6F 的目标

首先，我们发现、聚焦和具体化一个保护部分来帮助分离，并且注意来访者的真我。

其次，我们问来访者对于目标部分的感受是什么，以帮助其他部分分离，让来访者的真我可以出现。

最后，我们和目标部分建立关系，了解它的恐惧，邀请它尝试新的方法。

我们和所有保护部分沟通的目的是征求它们的允许来接触和治愈被放逐的部分。

第四章
常见问题

治疗中断通常源于保护者的恐惧

　　通常保护者会通过转移注意力来妨碍治疗工作的进行，它们试图将被放逐者隔离在意识之外。如果有这种情况发生，来访者忘记了上周发生的事情，或者有保护者为了避免回到上周处理的某个部分而改变话题，这会是一个很好的探索机会。

保护者反对继续治疗

治疗师：我听说你有一个部分不愿意再回到上次治疗时我们对话的那个角色（命名或描述这个角色，如小女孩、小男孩、毛茸茸的小鸟……），是这样吗？它愿意说一下原因吗？

● 如果这个部分担心来访者会被上周某个部分

折磨得不知所措，接下来可以说：

治疗师：明白了，可以理解。我也不希望发生这样的事情。如果小女孩（小男孩、毛茸茸的小鸟……）同意不再打扰你，你愿意和她（他、它）谈谈吗？

- 如果这个部分说这件事情已经没有那么重要了，或者它认为有其他更重要的事情，接下来可以说：

治疗师：明白了。我有点好奇，看到你现在非常关心这个部分，能告诉我为什么它如此重要吗？

保持真我的状态（无论发生什么）

如果来访者回答说当前的问题迫在眉睫，需要立即关注（必须做出决定，需要回复，等等）而且这种情况只是偶然出现，那么你可以选择跟进这个新出现的问题。

- 在沟通时，首先检查自己是否处于8C状态，以确保自己是可以真我领导的。
- 如果决定探索新出现的问题，先询问来访者上周的目标部分，问问它怎么样，得到它的允许后再转移话题，并告诉它下周会再来看它，然后再继续。

帮助拼命工作的保护者

如果来访者的生活一团糟，经常被当前的危机所搅扰，那就继续沟通这一点。在这种情况下，积极地向来访者的保护部分介绍 IFS 治疗的目标会很有帮助，施瓦茨博士称之为"希望的传递者"。

治疗师：根据我之前帮助来访者的经验，如果我们能帮助最脆弱的部分感觉好一些，那么所有拼命工作的保护者也会感觉好一些。

● 确认来访者的保护者在害怕什么。

治疗师：我知道对于保护者来说，靠近脆弱部分是非常可怕的。

● 最后确认。

治疗师：但是我们可以使用安全的方式来做。我们可以通过直接访问来采访保护部分，了解它们的每个顾虑。它们愿意告诉你自己在担心什么吗？

探索保护者的恐惧

如果某个部分想要改变话题，可以验证一下改变话题的必要性。

治疗师：我知道你的生活充满了起起落落，人际关系的互动令你感到不安。你的一些部分带你来到这里，想要通过治疗解决问题。但在它们看来，这并不意味着要和那些感觉不好、有可能压垮你的部分继续待在一起，对吗？

如果答案是肯定的

治疗师：带你来治疗的这些部分认识你吗？它们知道你是真正的萨莉吗？

● 向来访者的真我介绍 IFS。

如果答案是否定的

治疗师：好的，那我一定忽略了一些重要的内容。我们是否可以

> 了解一下，为什么很难继续探讨上周的那个部分呢？
>
> ● 带着好奇留意话题之间的转换。
>
>
>
> 应对保护者回避行为的关键是坚持和好奇心。假设它们的担忧是非常合理的，如果你可以开诚布公地面对它们，它们最终会与你分享自己的担忧。

两极化（内在对立）

保护部分会把脆弱和感觉到不被爱的情感痛苦视为问题所在。一些部分会主动阻止痛苦进入意识；另一些部分则会在感知到痛苦后做出反应——抑制或分散注意力。无论采用哪种方式，当它们试图解决情感痛苦时，它们通常会提出互相矛盾的策略，并陷入分歧。我们将这些想要隐藏或者管理被放逐者等意见不一致的部分称为"两极化的保护者"，每个部分都试图从不同的方向影响来访者的行为。

我们知道这些部分有共通之处：它们都试图解决负面情绪带来的痛苦，但都失败了。如果我们能提供一个有效的全新选择，它们都将受益。因此，我们有能力成为希望的传递者：我们确实有新的选择，可以解决问题，并且帮助它们找到自己的角色。

练习

与两极化的部分进行双边谈判

问问你的内心：

● "请允许我轮流听取各个部分关于这个问题的所有想法，并
　记录下来。"

记下你听到的每件事，留意存在矛盾或分歧的地方（两极化）。

_____

_____

_____

问问这些部分：

● "哪个部分或哪一组部分，首先需要我的关注？"

_____

_____

_____

然后回到核心问题：

● "你对 [目标部分] 感觉如何？"

_____

_____

_____

　　如果答案是 8C 里的某个单词，那么使用 6F 继续访问目标
部分。如果答案是其他词语，那么就是某个部分在反应，可以在
进一步分离之后，继续访问。

处理极端保护者的极化

创伤幸存者的外在世界通常是混乱和不稳定的。即使来访者的生命状态看似稳定，但当极端保护者呈现的时候，我们也能推测出来访者内心的某些部分感受到了危险。我们不要求极端保护者的信任，只是希望有机会赢得它们的信任。我们的目标是说服极端保护者尝试一些新的方式，注意这里的关键字是说服。由于这个部分已经感到我们想要改变它的压力，它对于来自外部的控制会非常敏感。首先我们需要告诉这个部分"我理解你为什么这么做"来赢得它的兴趣，然后放弃控制权，告诉它："你说了算。"

与此同时，我们向警惕的部分保证：

- "工作不是你的全部，即使你停止这份工作，你仍然会存在，而且会很自由。"

也邀请这个部分：

- "如果你不用做现在的工作，你最想做的是什么？"

我们提供希望：

- "在你允许的情况下，我们可以帮助脆弱的部分来面对挑战。"

我们的请求是：

- "我可以告诉你一个有效的替代方案，会很有帮助，你需要做的就是和来访者的真我见个面。"

在整个过程中，我们需要面临的挑战是自己的任何部分被来访者激发，我们都可以保持清晰和自信的状态。此外，极端保护者一般会认为来访者是遇到危险的儿童，即使来访者明显是分离的状态或没有任何感知的状态，极端保护者仍然不会放松和分离。这时候，我们可以采用直接访问的方式，通过提问题："我能和这个部分谈谈吗？"来与这个部分直接对话。我们经常对被诊断为分离性身份识别障碍的来访者进行直接访问，在 IFS 治疗中，将分离性身份识别障碍视为一系列极端的极化部分，它们的共同目标是不惜一切代价将情感和自我隔离于意识之外。

极化的两个例子

在开始关注被放逐者之前，IFS 治疗会追踪和关注保护者之间的关系。这里有两个不同的案例，第一个案例是两个极化的保护者；第二个案例是一个 4 岁孩子的保护者和一个有自己计划的青少年之间的极化。

和无法分离的极化保护者工作

无法分离的保护者

当一个保护者不想让来访者从另一个保护者那里听到消息时，它就会出来干涉。杰里米的冲突发生在吸大麻和担心的部分之间。

---------------------------------- 感受 ----------------------------------

治疗师：杰里米，你对那个担心的部分感觉如何？这些天它特别
　　　　担心你吸大麻，对吗？

杰里米：我讨厌那个角色。

● 这时出现的是第二个反应性的部分，有可能是吸大麻的部分。

---------------------------------- 探索保护者的恐惧 ----------------------------------

治疗师：如果讨厌的部分能放松下来，这样你就可以和担心的部
　　　　分聊一聊，讨厌的部分担心会发生什么呢？

杰里米：担心的部分会占据我的生活，这样我的生活就只有担心了！

● 担心的部分和吸大麻部分之间的极化。

治疗师：然后呢？

杰里米：只能工作，不能玩耍！焦虑、无聊。

● 吸大麻的部分和真我混在一起。

治疗师：这是吸大麻的部分在讲话吗？

杰里米：我想是的。

治疗师：如果担心的部分同意不会完全占据你，吸大麻的部分愿意让你带着好奇了解一下担心的部分在害怕什么吗？

● 通过谈判，使极化的双方同时分离。

杰里米：吸大麻的部分拒绝这样做，有它没我。

希望的传递者

治疗师：我们需要和担心的部分沟通一下，我有信心告诉它不要全部接管。吸大麻的部分愿意吗？

● 坚持和说服。

杰里米：它说可以，随便你。

治疗师：很好。接下来问问担心的部分，如果吸大麻的部分放松下来了，它是否可以不接管。

● 请求某一部分不要过度接管。

杰里米：它说可以，但它会一直密切观察。

治疗师：太好了，那我们就邀请它们和你一起坐在会议室。确保你和它们在一起，而不是看到自己和它们在一起。

● 确认来访者的真我是否在线。

杰里米：我看到自己和它们坐在一起。

● 这是一个"伪真我"的部分，代表来访者的保护者。

治疗师：问一问坐在前面的那个部分，可以让一让，让你坐在前面吗？

杰里米：我不确定自己是谁。

-------------------------------- **来访者的部分不了解真我** --------------------------------

治疗师：我来帮你介绍一下。但是，只有当这些部分允许你出现的时候，你才能去那里。这取决于它们，它们愿意吗？

● 继续坚持。

杰里米：好的。它到一边去了，我现在和它们三个在一起。

-------------------------------- **确定目标部分** --------------------------------

治疗师：很好。问一问谁首先需要你的关注。

● 放弃对部分的控制。

杰里米：担心的部分。

-------------------------------- **感受** --------------------------------

治疗师：你现在对担心的部分感觉如何？

杰里米：我很好奇。它究竟在担心什么呢？

● 来访者的真我出现了。

这里描述的场景非常常见。当我们帮助极化的部分时，本质上相当于在做"夫妻治疗"，治疗的双方可能已经激烈地争论了很多年。此外，在这个案例中，我们看到杰里米有一个活跃的类似于真我的部分，它最初将自己放在杰里米真我的位置，这也很常见。当一场激烈的冲突激起内心的恐惧时，保护者似乎没有时间去尝试新的方式。而我们的工作恰恰相反，我们总是寻找新的方式。

探索两极化

年幼被放逐者的保护者和被放逐的青少年

乔治亚娜前来接受治疗，因为她爱上了律师事务所的一位同事，并考虑结束婚姻，但她还没有告诉伴侣。她们有两个儿子，一个在上高中，另一个在上大学。

乔治亚娜：我快要疯了。我要照顾家人，我有孩子。但是艾伦和我已经没有性关系了，我爱上了别人。

────────────── 确定目标 ──────────────

治疗师：好，谁首先需要你的关注？照顾孩子的部分还是恋爱的部分？

乔治亚娜：恋爱的部分。

────────────── 感受 ──────────────

治疗师：你对恋爱的部分感觉如何？

乔治亚娜：我为它感到难过。

治疗师：它想告诉你什么？

乔治亚娜：生命太短暂了。

治疗师：还有吗？

乔治亚娜：它是认真的。人生苦短，要活得充实。

治疗师：你能理解它吗？

乔治亚娜：是的。

-------------------------------- 具体化 --------------------------------

治疗师：你能看见它吗？

乔治亚娜：是的。

治疗师：它多大了？

乔治亚娜：18 岁。

治疗师：它和照顾孩子的那个角色是什么关系？

乔治亚娜：它们的想法不一致。

- 也就是说，照顾孩子的部分是一名保护者，与 18 岁的这个部分形成了两极化。治疗师假定照顾孩子的部分保护了另一个被放逐者（可能年龄更小）。

治疗师：了解了。它们的意见不统一。我们现在可以和照顾孩子的那个部分聊一聊吗？

- 治疗师的目标是与这种极化的双方都成为朋友，并说服双方分离，这样乔治亚娜就能明白为什么照顾孩子的部分要这么辛苦。

乔治亚娜：好的。

-------------------------------------- 感受 --------------------------------------

治疗师：你对照顾孩子的部分有什么感觉？

● 评估她的真我能量水平。

乔治亚娜：如果没有它，我不知道自己会成为什么样的律师？我爱它。

治疗师：它有什么反应？

乔治亚娜：它喜欢这样。

-------------------------------------- 建立关系 --------------------------------------

治疗师：告诉它，你是来帮忙的。

乔治亚娜：它在摇头，它无法想象我能帮到什么。

● 这部分还不了解乔治亚娜的真我。

治疗师：它认为你多大了？

● 这个问题的答案将告诉我们它所保护的被放逐者。

乔治亚娜：嗯，它认为我是小孩子，但现在它不那么肯定了。

● 乔治亚娜的部分开始看到真我，而不是它所保护的小孩。

治疗师：它想进一步了解你吗？

● 建立关系将帮助保护者看到乔治亚娜的真我。

乔治亚娜：是的。

治疗师：让它看着你的眼睛并告诉你，它看到了谁。

● 眼神交流是检测混合部分和介绍真我的有效方法。

乔治亚娜：哦，它很生气。

治疗师：继续。

乔治亚娜：它在说"你都去哪儿了"。

- 这个反应证实照顾孩子的部分看到了真我。

治疗师：你说了什么？

乔治亚娜：很抱歉它需要我的时候我不在。我不想让它一个人待着。

治疗师：它一个人是什么感觉？

- 进一步了解它的经历。

乔治亚娜：它必须表现得不害怕。

治疗师：对它来说最难的是什么？

乔治亚娜：只有它一个人。

治疗师：你能理解它吗？

乔治亚娜：是的。那是一段可怕的时光。

治疗师：它在保护谁？

- 明确照顾孩子的部分的保护作用。

乔治亚娜：4 岁的自己。

- 这是被保护者所保护的被放逐者（脆弱的部分）。

治疗师：照顾孩子的部分多大了？

- 治疗师之所以会问这个问题，是因为保护者的年龄往往与它所保护的被放逐者（脆弱的部分）相近。有时一个保护者会说它"老了"，这通常意味着它已经存在了很多年，因为它所保护的部分多年前就受到了伤害。

乔治亚娜：它才 8 岁。

治疗师：如果你能代替它照顾这个 4 岁的孩子，它接下来想做什么？

- 保护者可以和 4 岁的孩子一起得到自由。

乔治亚娜：它喜欢踢足球。

治疗师：很好，我们可以帮助它。

探索保护者的恐惧

乔治亚娜：它不这么认为。

● 这是一个保护者典型的第一反应。

治疗师：如果它不做这个工作，它认为会发生什么呢？

● 了解恐惧。

乔治亚娜：混乱。我的生活就毁了，没有人会喜欢我。

● 这就是恐惧——它曾经是有用的。

治疗师：它需要确保人们喜欢你，对吗？

● 简明扼要地陈述部分的工作。

乔治亚娜：是的。

治疗师：如果有人不喜欢你，会怎么样呢？

● 探索保护者的恐惧。

乔治亚娜：这样很不好。

治疗师：最糟糕的情况是什么呢？

● 探索部分的特定恐惧。

乔治亚娜：我会很孤单，孤零零一个人。

治疗师：我们也不希望你孤单。你想对它说什么？

● 这个问题将揭示乔治亚娜如何与照顾孩子的保护者分离。

乔治亚娜：我知道它有理由害怕，但现在我长大了，我不孤单。
我感谢它这么努力地工作。

治疗师：它需要你的帮助吗？

● 征求帮助它的允许。

乔治亚娜：这将是一种解脱，但它不认为我真的知道我要面对
什么。

- 仍然处于保护者的恐惧之中。

治疗师：它愿意进一步了解你吗？

- 专注于与真我相关的部分。

乔治亚娜：它不知道这有什么意义，但它愿意。

治疗师：如果它愿意，它不需要相信任何事情。这只是一个实验。
任何时候它都可以回来做原来的工作，确保人们喜欢你。

- 提供低风险、低成本的改变机会。

乔治亚娜：好的。

治疗师：很好。它想告诉你在这一过程中有什么顾虑吗？

- 邀请警惕的部分主动提出反对想法，让它们感到自己是受欢迎
  的、被允许的。

乔治亚娜：但现在 18 岁的女孩在说："嘿！那我呢？"

- 一个错误：治疗师本应该检查这个部分，同时也要让它放心，
  并得到它的允许，再继续疗愈被放逐的小女孩。

治疗师：很抱歉。我忘了问它。如果你帮助这个 4 岁的孩子，它
会同意吗？

- 请求允许。

乔治亚娜：那对它有什么帮助？

治疗师：如果 4 岁和 8 岁的孩子感到安全，对它有好处吗？

- 指出：如果它合作，它也会有好处。

乔治亚娜：是啊，那会很好。

治疗师：你也可以帮助它。它需要你做什么？

- 促进 18 岁的青年和真我之间的关系。

乔治亚娜：嗯，它恋爱了。它想让每个人都离开它。

治疗师：你能理解它吗？

● 不偏袒任何一方，在回到青少年和照顾者之间的冲突之前，继续促进真我和青少年之间的关系。

乔治亚娜：可以，我认为它非常幸运。

　　乔治亚娜面临的问题是，她内心深处对一个改变人生的决定存在严重的分歧。涉及的两极化部分对于"什么对她来说是最好的"有着强烈的冲突。其中一个部分（乔治亚娜的照顾者）放逐了另一个部分（青少年），因为它觉得自己的性取向和激情对乔治亚娜造成了威胁。照顾者还放逐了它保护的 4 岁的脆弱的孩子。我们还没有听到这个 4 岁孩子的故事。

　　治疗师在这一点的目标是传达对两个极化部分的关注和尊重，照顾者和青少年部分，并促进它们与乔治亚娜真我的关系。当它们分离后，乔治亚娜就有机会治愈 4 岁的孩子，IFS 治疗师相信乔治亚娜有能力厘清自己的爱情生活。

练习

向真我介绍保护者

　　说明：试想一下，你在生活中是否遇到过类似的情况：你感受到了威胁，有保护自己的冲动，并不一定是特别极端的状况。

它可以是最近发生的事情，也可以是过去发生的事情。

花点时间想象自己回到了那个时刻。

- 你会有一种行为上的冲动，注意这种冲动在身体的位置，身体想要做什么。
- 如果你是一个人独处，不受打扰，你觉得移动起来感觉很舒服，那就让自己做这个动作。
- 或者在脑海中想象自己做出这些姿势。
- 重复几次。

问问你的保护者，做这项工作有多久了。把听到的都写下来。

_____

_____

_____

问问保护者，如果停止工作，它认为会发生什么。把它的回答写下来。

_____

_____

_____

问问保护者在保护谁，并做个记录。有时保护者不愿意分享它们的保护对象，这时不要逼迫，找到它们的需要，使它们更加信任你。

_____

_____

_____

如果它确实分享了自己所保护的对象，你了解它如此做的原因，请记下来，并用自己熟悉的方式处理脆弱部分。

_____

_____

_____

如果保护者不愿意分享它所保护的对象，请保持好奇（如果没有好奇，可以帮助反应性的部分分离），询问它需要什么才能更加信任你。

- 如果它说类似这样的话："你会被那个脆弱的部分压垮的。"感谢它，请求它允许你与这个部分沟通，并告诉它你不会被压垮的。

  ○ 然后问问被放逐的部分，如果它愿意保持独立，而不是过度接管，我们会帮助它，关注它的需求。

- 如果它说："你没有能力帮助那个部分。"问问它是否愿意尝试一下，来更好地了解你。

  ○ 问它：它认为你多大了。

  ○ 问它：是否愿意见一见今天的你，你的真我。

  ○ 给它一点时间去了解你。

  ○ 看它是否愿意看着你的眼睛。

  ○ 问它："看到我你是什么感觉？"

  ○ 还有："现在你可以允许我去帮助脆弱的部分吗？"

我们都有保护的部分，它们为我们辛苦地工作，包括那些让我们变得"懒惰"和没有动力的部分。我们认为，应该制定一个国家假日，就像劳动节一样来纪念我们的保护者，它们为我们所做的努力往往是相当英勇的。为了全面了解它们的工作方式，这里列出了一些常见的保护者角色，这些角色并不代表所有的保护者。

介绍保护者和真我

- 内在羞愧的保护者
- 外在羞愧的保护者
- 顺从的保护者
- 焦虑的保护者
- 隔离型保护者
- 关注外表的保护者
- 关注身体的保护者
- 亲密保护者
- 食物保护者
- 改变情绪的保护者
- 冥想保护者
- 性瘾保护者
- 追逐权力的保护者

- 追逐成功的保护者
- 保持低调的保护者
- 被放逐的愤怒保护者
- 宗教保护者
- 政治保护者
- 自残保护者
- 自杀保护者
- 复仇保护者
- 运动保护者
- 电子产品成瘾保护者
- 知识保护者
- 娱乐保护者
- 幽默保护者

模板

与你的保护者们见面

说明：使用这个模板来了解保护部分。查看常见保护角色列表，也可以填写与自己相关，但列表中没有提到的角色。

留意保护者对你而言是主动的还是被动的，主动的意思是试图阻止情绪的产生，被动意味着试图从情绪中转移注意力。

一旦你得到保护者的允许，可以进一步了解，问一问：

如果它停止履行自己的职责，它担心会发生什么？请记录下你听到的内容。

_____

_____

_____

它保护的对象是谁？

_____

_____

_____

请求它的允许来帮助它所保护的部分。

如果它确实分享了自己所保护的对象，并了解它如此做的原因，记录下来，并用自己熟悉的方式处理脆弱部分。

_____

_____

_____

如果保护者不愿意分享它所保护的对象，请保持好奇（如果没有好奇，可以帮助反应性的部分分离），询问它们需要什么才能更加信任你。

- 如果它说类似这样的话："你会被那个脆弱的部分压垮的。"感谢它，请求它允许你与这个部分沟通，并告诉它你不会被压垮的。
  - 然后问问被放逐的部分，如果它们愿意保持独立，而不是过度接管，我们会关注它的需求。

- 如果它说："你没有能力帮助那个部分。"问问它是否愿意尝试一下，来更好地了解你。
  - 看它是否愿意看着你的眼睛，并告诉你它看到了谁。
- 如果它看到一个反应性的部分，花点时间帮助这个部分分离出来。
- 如果它看到了某种真我的品质，问它："见到我是什么感觉？"
  - 接下来，继续问询，"现在你可以允许我去帮助脆弱部分吗？"

内在的批评部分

这些部分就如同我们特设的持续改进委员会。它们会毫不留情地保持警惕，吹毛求疵，常常缺乏幽默感，而且通常不受内在系统其他部分的欢迎。

- 问问其他部分是否害怕这位批评者。
- 如果是这样，倾听它们的担忧，并询问它们是否愿意在隔音室里等待，你与批评者先交谈，来帮助这些部分。
- 或者，可以请批评者待在一个房间里，然后帮助那些害怕的部分放松下来，信任你。

评判外界的部分

这些部分责备外在世界或他人。它们利用各种涉及"他人"的偏见通过评判来帮助我们感到被接纳、被包容、安全和重要。它们是：

- 种族主义。
- 同性恋。
- 跨性别恐惧。

- 厌恶女性。

- 排外。

顺从的保护者

这些部分试图让我们与他人保持联结，将他人的需求置于满足自己的需求之前。它们是：

- 取悦他人部分。

- 照顾者。

焦虑的保护者

这些部分想要阻止消极意外的发生，确保我们不受伤害，不感到失败，不要健忘或太幼稚。它们是：

- 过度期待。

- 通常伴有身体表现。

- 难以忽略。

- 杞人忧天。

- 过度警惕。

隔离型保护者

这些部分带我们离开，要么是为了防止或抑制被放逐部分的负面情绪，要么是为了抑制其他更极端的保护者的反应。它们通常会：

- 让头脑感到混乱。

- 完全从时间和意识中抽离出来。

- 干扰倾听他人说话的能力。

- 干扰我们察觉危险的能力。

- 麻痹身体，这样每次想起可怕的经历时就不会感到不适。

- 与那些服用处方药来麻痹神经系统的部分结盟。

- 与那些使用非法药物或酒精进行自我麻痹的部分结盟。

- 与暴饮暴食麻痹身体的部分结盟。

关注外表的保护者

这些部分让我们专注他人如何看待我们。它们希望我们可以得到关注、认同、安全和爱。它们会：

- 批评我们的外表。
- 邀请别人评判我们的外表。
- 鼓励购物。
- 幻想理想场景。
- 提醒我们注意负面情境。
- 痴迷于服装和物品。
- 总是照镜子。

关注身体的保护者

这些保护者利用身体来吸引我们的注意力，影响行为，帮助我们从他人那里获得吸引力，试图传达一些关于我们过去经历或痛苦本质的重要信息，并通常推进它们自己的计划。它们一般会：

- 偏头痛。
- 恶心。
- 对气味过敏。
- 感到疲惫。
- 哮喘和过敏反应。
- 胸痛。

亲密保护者

这些部分管理和调节关系中的亲密度，防止我们太过脆弱，保护我们不受伤害。它们会：

- 培养一种愤怒情绪，让我们无法亲近任何人。

- 表现出需求和过度依恋。

- 性行为过度。

- 表现出冷漠。

- 漠不关心。

- 无聊、心不在焉。

- 别人说话的时候做白日梦。

- 与在社交场合中关注食物或酒精的部分结盟。

- 与对电子产品成瘾部分结盟。

食物保护者

这些部分痴迷于食物，要么沉溺，要么限制，以分散注意力，让我们不去注意那些被放逐的感觉，或者抑制强烈的感觉出现。它们会：

- 觉得饿了。

- 渴望并痴迷于某些食物。

- 吃得过多。

- 限制饮食。

- 害怕并避免某些食物。

- 吃了某些食物后感到恶心。

- 限制卡路里。

- 暴饮暴食。

- 服用泻药。

改变情绪的保护者

这些部分使用改变情绪的药物，无论是合法还是非法的，来麻痹、逃避或分散情感痛苦和内心冲突。它们会：

- 喝酒。

- 抽烟。

- 吸食可卡因。

- 服用摇头丸和其他派对药物。

- 吸食或注射海洛因。

- 嗅毒。

- 服用改变情绪的处方或非处方药。

冥想保护者

这些部分使用冥想来逃避威胁的感觉，填补空虚或隔离。它们会：

- 鼓励我们远离所有的想法和感觉。

- 隔离。

- 保持我们的思维过程抽象或模糊。

- 用过高或过低的注意力来转移情感痛苦。

- 鼓励我们坚忍克己。

- 鼓励我们思考而不是感觉。

性瘾保护者

这些部分擅长诱惑，花时间吸引异性，用戏剧和尝试联结来填补内心的空虚。它们专注于：

- 性吸引。

- 渴望与欲望。

- 诱惑游戏。

- 争吵后的激情性爱（性补偿）。

- 性高潮的生理释放。

追逐权力的保护者

这些部分关注权力。它们的目标是统治，喜欢掌控一切。它们会：

- 不惜一切代价将脆弱隔离在视线之外。

- 将伤害归咎于脆弱的部分。

- 攻击和羞辱那些表现出脆弱的人。

追逐成功的保护者

这些保护者想让我们变得更富有或成功，感到被欣赏，永远不被拒绝。这些部分的功能包括：

- 在内心和人际交往中树立一种宏大的价值观，以对抗被放逐者的无价值感和内在批评者的羞辱。
- 宣扬失败是可怕的。
- 否认错误或失败。
- 惩罚犯错或失败的人，尤其是我们的孩子。
- 不愿意道歉。

保持低调的保护者

这些部分不喜欢我们被他人看到、竞争或以任何方式威胁他人，让我们保持隐身和安全。它们一般会：

- 认为被关注是危险的。
- 避免让别人看到我们。
- 抑制野心。
- 拒绝为任何目标奋斗。
- 避免对自己的成就感觉良好。
- 警告我们的成功会伤害他人。

被放逐的愤怒保护者

年幼的部分往往对虐待感到愤怒。它们可能是为了保护另一个年幼的部分挺身而出，但由于愤怒是不安全的而被放逐。在这个系统中，它们经常被当作氪石⊖一样对待，因为愤怒本身被视为一种恶性行为。它们一般会：

- 压抑。
- 怨恨。

⊖ 氪石（kryptonite）是漫画《超人》系列中虚构的一种矿物，超人遇到氪石会丧失超能力。——编辑注

- 打断他人。

- 强势。

- 鄙视。

- 勃然大怒。

宗教保护者

这些保护者帮助我们过度使用宗教，将宗教领袖理想化，渴望救赎，渴望社区、生活的意义和目的，在意归属感，却牺牲了自我意识和与他人的联结等。它们一般会：

- 让我们感觉良好。

- 让我们感到被支持。

- 消除疑问。

- 远离空虚和孤独。

政治保护者

像宗教保护者一样，当我们感到空虚和孤独时，政治保护者帮助我们找到领袖、归属感、团体、目标和组织。它们一般会：

- 让我们觉得自己的立场是正确的。

- 感到正直和优越。

- 解释对错。

- 消除疑问。

自残保护者

这些部分切割、划伤、击打和烧伤是为了惩罚、分散注意力、抚慰、寻求帮助、防止自杀或愤怒。它们一般会：

- 分散对情感痛苦的注意力。

- 因为受伤的需要而转移注意力。

- 将深刻的情感痛苦具体化。

- 帮助我们在痛苦中感受自己还活着。

- 通过伤害身体，吸引他人注意来照顾我们。

自杀保护者

对于那些处于极度痛苦中的人来说，自杀通常是一种安慰，无论是情感上还是身体上的。它们一般会：

- 从无休止的、似乎无法解决的痛苦中解脱出来，提供一个理论上能让人感到宽慰的想法。
- 从无休止的、似乎无法解决的痛苦中提供一个实际的（紧急的）出口。
- 想要永远忘记痛苦。
- 想要复仇。
- 寻求关注。
- 希望他人做出反应或伸出援手。

复仇保护者

当我们受到虐待，在更强大的人面前变得无助，被羞辱，或感觉自己毫无价值时，常见的反应是想要报复。它们一般会：

- 想要报复。
- 使用讽刺获得力量。
- 努力营造公平竞争的环境。
- 羞辱任何感到威胁的人。
- 沉浸在强大和复仇的幻想中，在极端情况下可能会伤害或杀害他人。

运动保护者

这些部分经常与那些痴迷于外表的部分结盟。它们也会打击饮食失调的部分。它们一般会：

- 督促我们锻炼。
- 高度关注健康。
- 敦促实现新的健身目标。
- 当生病或受伤时，变得恐慌。

- 批评身体的缺陷。
- 欣赏时尚或体育杂志上的身材。

电子产品成瘾保护者

我们现在有了一个全新维度、一个真实的镜子世界，在这个世界里我们的注意力可以被无限占据。因为对大多数人来说，工作和交流都依赖于电子设备，比如手机和计算机，我们的身体会以这种方式分散注意力，它们几乎可以不受限制地进行无穷无尽的选择。这些部分的功能包括：

- 在办公室带我们离开。
- 排队时带我们离开。
- 身处机场、电梯、繁忙嘈杂的公共街道等令人不快的环境中时，带我们离开。
- 谈话时带我们离开。
- 吃饭时带我们离开。
- 在上课、听讲座、图书馆时带我们离开。
- 简而言之，它们随时随地都可以带我们离开。

知识保护者

这些部分在以认知能力为基础的家庭和环境中蓬勃发展（例如，一个教授的孩子在大学城长大）。它们一般会：

- 以一种压倒或打断感受的方式思考。
- 轻视那些不依赖思考的人。
- 让我们感到自己很特别。
- 重视知识和成就，胜过感觉和直觉。

娱乐保护者

网飞[⊖]有人知道吗？人类的思维被故事吸引，不管这些故事是陈词滥调

⊖ 网飞（Netflix），美国在线影片租赁提供商。

还是原创。我们的电子设备提供了源源不断的视觉、文字、音乐、真实和虚构的故事。这些部分的功能包括：

- 带我们出去看电影、看电视、有线电视或其他各种订阅服务。
- 通过电影角色间接体验生活，复述刚刚看到的故事。
- 通过真人秀提供虚假的希望。
- 学习、模仿和理解书中描述的相关人物。

幽默保护者

这些部分通过各种方式的幽默来设定基调和影响他人。它们会：

- 让别人开心，让大家参与进来。
- 邀请。
- 娱乐。
- 取得关注。
- 在痛苦或不舒服的时刻转移注意力。
- 掩饰情绪。
- 分散内心感受。
- 伤害他人，使他人远离我们。
- 报复。

无穷无尽的保护策略

说明：经历过创伤的个体身上经常出现的保护部分包括内在或外在羞愧、顺从、焦虑、隔离、关注外表、关注身体、寻求亲密又回避亲密、食物、改变情绪、性瘾、保持低调、被放逐的愤怒、自杀、复仇、运动等。

　　如果你注意到自己内在系统中的保护者没有被列出来，请在下面添加：

_____

_____

_____

_____

_____

_____

_____

_____

_____

_____

_____

第五章
卸载和治愈

我们鼓励治疗师使用 6F（发现目标、聚焦、具体化、感受、建立关系和探索恐惧）来处理保护部分，但我们不鼓励在没有接受正式的 IFS 培训的情况下，试图卸下被放逐部分的负担（卸载）。

在没有适当技能水平支持的情况下去做卸载，是对来访者脆弱的内在系统的不尊重，而且很容易产生事与愿违的结果，导致保护者不再信任我们。如果在工作中遇到被放逐的部分，我们推荐采用治疗师熟悉的方法来处理。

不过我们仍然会在书中说明卸载的步骤，方便读者全面地了解 IFS 治疗模型。想要学习卸载可以在 IFS 治疗和训练中继续探索。

见证之后的卸载

一旦保护者允许真我与被放逐的部分建立关系，疗愈就开始发生了。当来访者突然看到过去发生的事情，或者来访者可能与保护者达成更正式的约定，退后一步，让真我看见被放逐者的经历时，我们就知道已经建立联结了。当来访者处于"真我"状态时，我们会觉察到一种转变：他们的声音变得更加柔和，身体更加放松，视角也会更加开放和广阔。在 IFS 治疗时，我们将这两种情况命名为"见证"。

见证过程是被放逐的部分带着真我进行的一场旅行，不断升腾的记忆可能会让来访者感到惊讶，因为他可能已经忘记了这些部分所诉说的内容。被放逐的部分可能会带真我到一些情境中，可能是在关系中经历的被虐待、被剥削或被忽视的某个场景，也可能是曾经经历背叛或恐惧的某个时刻。无论哪种情况，所呈现的事件会导致负面的结果，可能是令人恐惧的身体感受、负面的感觉或是关于安全和自我价值的负面信念，这些都需要在真我和部分之间建立关系的过程中得以释放。在见证过程中，被放逐的部分与来访者的真我同在（这就是关怀），它们可能需要来访者的真我来感受它们所经历的部分感觉（共情），但它们也会意识到并需要来自治疗师的关怀。

卸载过程

（1）见证——被放逐的部分向真我展示曾经走过的历程。

（2）回到过去场景——真我回到过去某个时空，给被放逐的部分在当时需要和想要却从来没有得到的东西。

（3）带离过去场景——真我带着被放逐的部分离开过去痛苦的场景，把它带到现在某个安全的地方。

（4）卸下负担——帮助被放逐这部分卸下负面的感觉、情绪和信念。

（5）邀请——被放逐这部分邀请任何它想要的或未来需要的新的品质。

（6）保护者确认——邀请保护者留意它们所保护的部分已经卸下负担并痊愈，它们可以放下之前的工作了。

见证

被放逐的部分遇到真我时往往会非常震惊。"如果你在，为什么我会遭受这样的痛苦？"在这种情况下，需要有足够的耐心并道歉。一旦这个部分感觉准备好了，它就会向真我呈现自己背负的恐惧、羞愧、被伤害的经历和带着负面信念的内在系统。在见证的过程中，我们可以问来访者："你能看到自己和被放逐的部分在一起吗？还是你自己正在陪伴着脆弱的部分呢？"如果是前者，说明一个和真我相似的部分已经介入，我们可以请来访者的真我来接管那个部分。

回到创伤场景

如果这个部分被困在一个非常糟糕的情境中，那么真我就需要主动介入，做一些这个部分当时需要其他人帮助的事情（约束成年人，对别人大声说话，支持、保护、深爱这个部分或者做任何它需要的事情）。对某些部分来说，用一个理想结局来重拾创伤经历是非常重要的。当然，它们并不会忘记曾经发生了什么，但这个过程似乎是有效的，在情感上也非常重要。

带离创伤场景

最后，当被放逐者的需求已经得到满足，感受也被完全理解和看见之后，来访者的真我可以带着被放逐者离开过去的场景来到现在，并选择它觉得安全的地方。

卸下负担

一旦被放逐的部分与来访者的真我在当下是安全的，我们就邀请被放逐的部分释放任何与创伤有关的身体感觉、情绪或想法。在这里，我们通常会听从来访者的想法，但如果来访者需要，我们可以提供一些建议，比如把负担扔到海里，用火烧掉，或者被风吹走。也就是说，如果它愿意，可以把这个负担交给光、土、风、水或火等。

邀请

当被放逐的部分放下包袱时，其内心就有了更多的空间。治疗的最后步骤之一是教会这个部分邀请它所缺少的任何品质。一般是与真我能量相关的积极品质，比如爱、玩耍、快乐、主动、勇气、联结和创造力等。

保护者确认

被放逐的部分被治愈之后，我们邀请保护部分来看看脆弱部分。它们通常会自发地放弃自己的保护功能，因为它们看到有真我的陪伴，这个部分是安全的。在创伤中，保护部分通常会承担自己的负担，这需要在后续的治疗中处理。

转化

在真我见证、回到过去场景、带离过去场景、卸下负担、邀请和重新确认脆弱部分的过程中，脆弱被转化和治愈，这会让整个内在系统都有机会变得广阔而强大。

卸载过程的步骤

希塔接受心理治疗，她想要一个小孩但又对怀孕充满极度焦虑。在这次交谈中，她得到了保护部分的许可，来帮助 7 岁的被放逐者。

希塔：见到我她很惊讶。她说："你去哪儿了？"

—————————— 建立关系 ——————————

治疗师：你怎么说？

● 确认真我能量。

希塔：我告诉她，我很抱歉让她独自一人待了这么久。

● 希塔的真我能量在线。

治疗师：她怎么说？

希塔：她说，如果她不值得，我为什么要这么做呢？

治疗师：你说了什么？

● 让希塔的真我发挥主导作用。

希塔：我当时并不在场。真的很抱歉，但我现在就在这里陪着你。

治疗师：她有什么反应？

希塔：她看着我，不知道能否相信我。

治疗师：没有你在的时候，她是什么感觉？

● 避免防御部分占据主导，通过引导来访者的观感来告诉他们应该怎么做。

正如这个案例所呈现的，在 IFS 治疗中，我们专注于修复来访者部分和真我之间的关系，直到部分感觉到被理解并确认。

见证

当充分修复了被放逐的部分和真我之间的关系，被放逐的部分对真我有信心时，被放逐将带领真我开始一场旅行，展示它所需要的一切。对于被放逐的部分来说，见证是一种有效联结和解除羞愧的过程。一旦开启见证的历程，我们就会想要继续下去，直到被放逐的部分感到满足，认为真我完全理解它，并且准备好卸载负担。这可能需要多次梳理。我们接着希塔的案例继续，希塔在医院的病房里看到了 7 岁的自己。

希塔：这是在它做心脏手术之前。它的妈妈在大厅里，正在护士面前痛哭。有人正好走过，说："就是这个人！"它认为这意味着它就是那个即将死去的人。

治疗师：这对它来说是什么感觉？

● 见证。

希塔：它爸爸在哪呢？

治疗师：他不在那儿吗？

希塔：不在，他根本就没来。

治疗师：它能感觉到你和它在一起吗？

● 确认真我和部分的联结。

希塔：我们在医院附近散步。它讨厌这种味道，告诉我不要生小孩，因为我们最终都会在医院里死掉。

治疗师：你说了什么？

● 把接力棒交给来访者的真我。

希塔：我知道它为什么担心了。我告诉它我相信治疗师，我问它
　　　能不能相信我。它也害怕如果我的孩子出了什么问题，我
　　　会像爸爸一样离开。

见证

治疗师：它想告诉你什么？

希塔：它想念真正的父亲。

治疗师：你能理解它吗？

希塔：是的。我回家以后爸爸就在那里，但他看起来已经不像我
　　　真正的爸爸了。

回到创伤场景

治疗师：此刻它需要你帮助对爸爸说点什么吗？

希塔：它想让他道歉。

治疗师：它想让你对他说什么？

● 部分给出指引。

希塔：你应该更爱你的女儿……

治疗师：然后呢？

希塔：他说他很抱歉，他非常爱它但他有些害怕。它现在不会原
　　　谅他，但它看到他道歉，它开心起来了。

治疗师：它还需要和爸爸或其他人说什么吗？

● 部分给出指引。

希塔：现在没有。

治疗师：你能给它当时需要的东西吗？

希塔：是的，它需要被爱。我现在正在告诉它我很爱它，它非常
　　　开心。

────────────── 带离创伤场景 ──────────────

治疗师：它准备好离开那里了吗？

希塔：是的。

治疗师：那就把它带到一个安全的地方。现在它和你在一起，有
　　　什么感觉？

希塔：它很喜欢。我带它四处看看。我在问它能不能相信我可以
　　　照顾好一个孩子，即使那个孩子可能会有问题。

　　正如我们所看到的，初始治疗帮助希塔找到了一个在孤独、
恐惧的时刻感到被抛弃的部分。心脏手术后，希塔恢复了健康，
她的一些部分渴望向前看并保持积极，希望未来尽量减少生病、
恐惧、愤怒和濒死体验带来的影响。当希塔的真我见证了她的疾
病和被抛弃的经历，并支持她向父亲表达之后，她就准备离开过
去了。

────────────── 卸下负担 ──────────────

治疗师：现在它和你在一起，它准备好放下从那次经历中感受到
　　　的所有想法、情绪和感受了吗？

● 邀请部分卸载恐惧和负面信念。

希塔：是的。

治疗师：请它告诉你这些负担在它身体或周围的位置。

- 深化体验。

希塔：它的心感到发麻。

治疗师：它想怎么做呢？

- 部分给出指引。

希塔：它把它们拔出来，插在地上……这样所有东西就都释放出来了。

治疗师：所有的吗？

希塔：愤怒和悲伤都被风吹走了。

-------------------------------- 邀请 --------------------------------

治疗师：这些都卸载了之后，它想邀请哪些品质进来？

希塔：力量、能量、玩耍！

治疗师：现在进行得怎么样？

希塔：真的很好。它看起来非常平静和自在。太神奇了！

治疗师：请它的保护者来看看，告诉它们它现在和你在一起很安全。它们有什么要说的吗？

希塔：它们喜欢这样。

治疗师：它们当中有谁需要你的帮助，帮助它们摆脱困境或背负的负担？

希塔：我想是有的。

治疗师：可以理解。告诉它们下周你会再来找它们。同时，问它们，它们需要到一个安全的地方吗？

希塔：不用。

治疗师：它们会让你照顾这个 7 岁的孩子吗？

希塔：是的，它们很乐意。

꧁꧂

一旦这个被放逐的 7 岁的希塔感到被理解和认可，它的恐惧被看见，它便愿意相信真我，从而放下背负的负担。在卸载的最后，治疗师邀请保护部分留意发生了什么，并说出它们的担忧以及自己的需求。

正如希塔的卸载案例所呈现的，IFS 具有转化功能。一旦保护者允许来访者的真我与被放逐者建立关系，目睹被放逐者经历的真我就会自然治愈过往关系中的依恋创伤。当被放逐者准备离开过去时，带离场景的过程会帮助来访者正式将关注点转向现在，从而也解放了保护者。最后，卸载既说明了恐惧的经历和压抑的信念（比如"我一点儿也不可爱，我毫无价值"）是如何控制身体（比如"心里有刺痛感"），同时也阐明了一种截然相反的益处——帮助我们在当下与真我紧密地联结。

逐步探索

在做这些治疗步骤时，从和保护者建立关系到见证和卸下被放逐者的负担，我们只能在来访者内在系统允许的范围内前行。当接近被放逐者时，我们希望保护者被激活。当保护者被激活时，治疗师的真我通常会介入，探究保护者的恐惧，让他们安心，并一起协商前进的道路。

放下（转化的时刻）

当真我见证了被放逐者的创伤经历，并且带领被放逐者安全地回到当下之后，真我会邀请被放逐者释放身体的创伤感受、负面信念以及极端的想法。通常我们邀请被放逐者选择光、土、风、水、火等元素来进行卸载。IFS 治疗时的选择是随着时间的推移自然进行的，按照来访者内在系统的意愿决定下一步。放下是整个卸载过程的终点，在放下之前，我们需要确保所有的负担都已卸载。

下一步（被放逐者）

卸下负担之后，我们邀请被放逐者带来曾经被负担阻碍的理想品质。在多数情况下，它们给出的答案与 8C（好奇、平静、清晰、联结、自信、勇气、创造和关怀）或 5P（临在、耐心、坚持、洞察力和有趣）差不多："我想玩""我想有创造力""我想要勇气""我想要爱"等。

跟进保护者

卸载完成后，我们与保护者确认。它们看到整个过程了吗？现在感觉如何？它们准备好换个工作吗？有时它们已经准备好改变，有时它们会观察事情如何发展才可能完全放弃自己的工作。但无论如何，它们会放松下来。如果没有完全卸下负担，或者在未来的一段时间内又出现了负担，这些情况发生时，它们会非常警惕。

下一步（保护者）

如果保护者了解卸载过程后放松下来了，并且准备好改变，我们会问它们更愿意做什么。一般情况下，保护者会选择与它之前所做的事情相反的。例如，一个批评者会成为鼓励的角色，或者谨慎的部分会鼓励来访者去探索。但一些特别辛苦的保护者可能只是想休息一下。此外，特别是有创伤经历的来访者，一些保护者会承担着自己的负担，需要真我的帮助来卸下包袱。一旦保护者释放了负担或放弃了它们之前所从事的工作，它们的愿望可能会非常令人惊讶。一位来访者的保护者说它想去航海，听到这话，她就放声大笑，说："这想法到底从哪儿来的？我不喜欢船，我甚至不喜欢游泳。"

卸载后（未来的梳理）

在卸载之后的几周内，我们会经常听到来访者描述各种类似放松的感觉，比如"轻盈""兴奋地冒泡"或"宁静的感觉"。当来访者看向内在世界时，他们会发现卸下负担的部分正在玩耍或很愉快地做一些事情。我们也经常听到来访者说，他们觉得真我在主导，和部分是可以剥离的状态：他发现自己更平静了，她发现自己更有信心了，等等。无论从负担中解放出来的保护者选择做什么，我们都会回来确认它们的需求，我们也会要求来访者在未来的三四周里每天都和卸载的部分联结，这个时间是内在系统整合和巩固变化所需要的周期。

当负担重新出现时

在以下情况中，障碍可能会重新出现，负担也可能会再次回来：

1. 在负担卸载之后，来访者的生活突然出现某个危机，这让保护者感到害怕。

2. 一个不允许负担卸载的保护者会主动来破坏。

3. 一周内来访者没有去跟进，导致这个部分感觉再次被抛弃。

4. 被放逐部分并没有将故事讲述完整。

5. 真我并没有完全理解这个负担。

6. 系统内还有另外一个部分也承载着这个负担。

负担再次回来

治疗师：你可以每天简单地和刚刚治愈的那个部分见见面吗？

扎克：我会尽力的。

治疗师：什么会妨碍你这样做呢？

● 需要警惕"我会尽力的"这种表达，这是一种特别矛盾的说法。

扎克：我特别忙。

治疗师：可以定一个时间吗？你一般什么时候起床或睡觉？加强
　　　　你和它之间刚刚建立的纽带真的非常重要，强化这种联
　　　　结大约需要 3 周的时间。

● 我们强调至少在 3 周之内，需要和卸载负担的部分持续交流，
　这一点非常重要。

扎克：好的，我可以做到。

-------------------------------- 一周后 --------------------------------

治疗师：我们来看看你上周帮助的那个十几岁的男孩。

扎克：这周我过得很糟糕，我和妻子接到了儿子校长的电话，他
　　　　们在学校的舞会上抓到他抽大麻。我们开了一系列的会，
　　　　他中途退学，我们不得不在家里想办法，老实说，真的没
　　　　时间去看那个孩子。

治疗师：发生在乔什身上的事听起来确实很让人困扰。让我们来看

看你的内在小孩怎么样了。它还在海滩上和你在一起吗？

扎克：我也说不清楚，我再也没看到它。

治疗师：花点时间，好好找一找。

- 如果被放逐者在卸下负担后又被抛弃，就需要坚持、跟进并重新建立关系。

扎克：我想它又回到了童年的卧室里。

治疗师：问问它发生了什么。

扎克：我和乔什之间发生的事情让它感到害怕。

---------------------------- 见证 ----------------------------

治疗师：它还有什么想说的吗？

扎克：我很生乔什的气。他说我表现得很像我的父亲，所以它离开了。

治疗师：你能理解它吗？

扎克：是的。现在它提出来了，在我小的时候我爸爸经常生气。上周我们也没有谈论过这件事。

- 扎克现在有个"像他爸爸的部分"，拒绝自己的内在小孩和儿子。

治疗师：有时伤口会重新打开，因为这个部分失去了与你的联结，有时这个部分无法分享一切。听起来这两样同时发生在它身上。

---------------------------- 修复 ----------------------------

扎克：现在明白了。我在向它道歉，我不想和我爸爸一样。

治疗师：能听听它对于你父亲愤怒的感受吗？

扎克：可以。

我们建议在负担卸载之后评估来访者和相关部分的进展情况。当某个负担再次出现时，我们将寻找原因，因为它会对来访者产生负面影响。问题越早发现越好。

我们不会在本书中提供任何减轻被放逐者负担的练习，因为我们主张你在遇到被放逐者时，选择你习惯的方式进行处理。要学习帮助被放逐者减轻负担的步骤，请参加 IFS 治疗的正式培训。

减轻被放逐者的负担和治愈创伤的科学

被放逐者往往是受伤的、脆弱的，通常也很年幼。它们背负着来自恐惧、羞愧或被剥削的经历带来的负担，有时三者兼而有之。它们沉重的情感和信念，对内在系统来说是非常沉重且颇具威胁性的。但如果没有这些负担，它们是非常有趣、有创造性的，生活态度也非常积极。我们相信，被放逐者和保护者一样生活在大脑中，并利用大脑中尚未整合的神经网络。同时，被放逐者通常生活在内隐记忆中，这种记忆无意识、顽强、情绪化而且没有连贯性。创伤的愈合在我们进入想象时就开始了，想象是一种强大的神经整形剂（Doidge，2007），当我们将内隐记忆转化为外显记忆时，大脑就可以整合失调的神经网络，创伤的愈合就会继续。

卸载过程使被放逐的部分得以释放，释放它们的痛苦，再次感到完整，并与内在系统的部分重新整合。这一过程似乎与记忆再巩固的过程一致，记忆再巩固是一种神经可塑性的表现形式，在突触水平上改变现有的情绪记忆（Ecker，2012）。记忆再巩固包括四个阶段：访问、重新激活、错误匹配和清除。

1）在记忆再巩固的访问阶段，来访者识别并检索隐性的情绪记忆。在 IFS 治疗中，当我们帮助来访者发现、关注和厘清目标部分时会这样做。

2）在重新激活阶段，情绪记忆网络是不稳定的，这使得它很容易在突触水平上丧失联结。在 IFS 治疗中，当我们帮助目标部分分离并与来访者的真我联结时就是这样，而不是简单地重新体验过去的经历。

3）错误匹配阶段是指完全不确认目标记忆的意义。在 IFS 治疗中，我们相信当被放逐的部分在见证、重回过往场景和带离场景中感到被真我完全地理解、认可和喜爱时，这种错误匹配就会展现出来，而这些都是治愈的关键。

4）在最后的清除阶段，来访者有机会通过新的学习来修正创伤经历的意义。在 IFS 治疗中，被放逐者通过摒弃旧的意义（卸下负面的感受、感觉和信念负担）来修改它们的历史，并引入它们需要的新品质。当然，记忆再巩固，并不会使人们忘记过去。然而，当它们重新回忆创伤事件时，情感体验会发生改变。

认知行为疗法（CBT）的主要策略是反相改变（counteractive change），侧重于创建新的大脑神经网络，从而与旧的网络竞争，而记忆再巩固则是在突触水平上重组原有的神经网络（Ecker，2012）。我们相信，IFS 卸载负担的过程，是通过记忆再巩固的过程从根本上治愈了创伤。

代际传承负担

当我们说到"负担"时，我们指的是源自过去的持续的消极情绪（羞愧、恐惧等）和负面信念（我不可爱，我毫无价值，我很坏，等等）。在 IFS 治疗中，代际传承负担是非常相似的，往往通过家庭和文化传承。代际传承负担一般通过两种方式发展：

- 在与照顾者（通常是父母或其他可能在孩子生命中非常重要的亲属）的互动中：当照顾者的保护者以对待其自身内在系统部分的方式对待孩子的各个部分时，就会产生明显的代际传承负担（Sinko，2016）。
- 通过家庭和文化的隐性传承：隐性代际传承负担的产生是因为孩子非常容易受到父母情感和信念的影响（Sinko，2016）。

代际传承负担的起源

代际传承负担往往来自父母或家庭中表达强烈的一种情感状态（如焦虑），这种情感状态可能带有也可能不带有明确的信念（例如，出国旅行是非常危险的），但依附这种情感状态的事情往往没有好事。代际传承负担还可能来自祖先的群体经历（包括犯罪等经历），如种族屠杀、被奴役、饥荒或战争等。

被放逐者往往携带着负担（如"我一文不值"），并渴望得到帮助，保护者也有自己的负担（它们的工作比较繁重），这时保护者会与被放逐者一起释放自己的沉重负担。传承的负担是系统性的，多数是隐藏的、不可见的或因为忠诚而导致的。代际传承负担和个人负担一样，可能来自童年的误解，或是更明显的创伤事件，但它们是遗传的，源于我们祖先生活的情感、信仰、能量和行为。因此，代际传承负担可能具有家庭习惯和家庭规则的普遍性和不确定性。当某个沉重的事件被认为是可耻的，并且在当时被保密时，那么这个故事很可能就会变得"未知、无法恢复、模糊，或者被严重扭曲"（Sinko，2016，p.173）。

忠诚和传承

对照顾者和兄弟姐妹、家庭和文化的忠诚会给来访者的系统带来沉重的负担，影响来访者选择伴侣和工作，乃至健康和死亡方式等一切事情（Sinko，2016）。

表观遗传学

表观遗传学领域的最新研究也告诉我们，创伤后应激障碍是一种遗传性疾病，可以从父母中的任何一方遗传给后代（Burri，et al，2013）。IFS 早就认识到创伤在传承负担中的代际传递。

代际传承负担与个人负担的不同之处

和其他负担一样，我们随处都可能听说代际传承负担。也就是说，当保护者特别不合作，来访者的内在系统似乎停滞不前，或者常规的卸载工作无法持续进行时，我们经常会发现是代际传承负担在运作。代际传承负担可以存在于系统的任何部分，不一定是被放逐者承担的。一旦来访者意识到某个负担是遗传的而不是个人的，保护者通常想要帮助它卸载（Sinko，2016）。如果这种情况没有发生，保护者不愿意让代际传承负担离开，可以探索和家庭忠诚度相关的问题，很可能会与此有关。

代际传承负担

治疗师：你一直说在你的家庭不允许有这种感觉，你想进一步探索这一点吗？

娜丁：当然，过去是这样，现在也是这样。

治疗师：进去看看有什么不被允许的感受。

娜丁：我看到妈妈告诉我不要有这种或那种感觉。

● 一个部分开始向她展示自己的经历。

治疗师：是否在某个情境中特别明显？

娜丁：她经常传递出的信息就是，感受是没有用的，是阻碍，应该推开，这样我们才能保持向前。我们家就是这样的。作为一个成年人，我知道这样是多么有害。

- 我们把这种家庭文化称为代际传承负担。

治疗师：听起来这是她的信念，用一种消极的方式影响了你和弟弟，是这样吗？

娜丁：是的。

治疗师：你需要这种信念吗？

娜丁：不需要！

治疗师：你想把它卸载掉吗？

娜丁：我不知道我可以这样做！它就像细胞一样在我的身体里。我很想改变这一点。

治疗师：你可以释放它，我来教你怎么做。

娜丁：太好了！我们开始吧。

治疗师：专注于那些认为自己这种感觉很糟糕，不应该有这种感觉的部分。

娜丁：不只是一个部分，而是像裂隙一样。

治疗师：这些属于你的内在系统吗？

娜丁：不，它属于我妈妈。

治疗师：用你的心，问问你的妈妈这种信念是否属于她。

娜丁：她们说是从妈妈那里来的。

治疗师：很好，她们想和你分享关于这种信念的更多信息吗？

娜丁：她们说这只是女性在我们家庭中的角色，应该无视任何困难，保持前行。

治疗师：你能理解这句话吗？

娜丁：是的，这是我们家族套在女性身上的十字架。

治疗师：现在你可以做选择。你知道它并不属于你，你想要释放
　　　掉吗？

娜丁：我已经迫不及待地想要卸下这个包袱了，不想再过这样的
　　　生活。

治疗师：好的，找到这种信念在你身体内部或周围的感觉。感受
　　　到了吗？它是什么样子的？

娜丁：它是一个盔甲，一个来源于中世纪的金属胸甲！

治疗师：你想如何卸载呢？

娜丁：我想让它沉入海底，让螃蟹和鱼生活在里面。

　　娜丁的内在系统愿意让这种代际传承负担消失，这种情况
经常发生，但有时也并非如此。最好的方法就是询问来访者是否
准备好要卸载。如果答案是否定的，我们需要花点时间来消除恐
惧，解除束缚。

找到你的代际传承负担

　　说明：创建一个家族图谱[⊖]，包括你所知道的（或能找到的）
关于大家庭的所有信息。

⊖　可以在一些免费的网站上寻找各种各样的图谱。

在你的家族图谱中：

- 找到整体创伤，并注意你想追踪的具体问题，比如酗酒、离婚、家庭暴力、乱伦、多胎生育、不安全的生活环境、被奴役、种族主义、滥用药物、战争、种族灭绝、饥饿、移民等。
- 也包括积极的方面，比如特殊的天赋和才能：擅长音乐、数学、机械、人际关系技能等。

例如：

- 我的外祖父母家：
  - 玛丽：工人，她是爱尔兰移民的女儿，在纽约长大，父亲酗酒，有10个兄弟姐妹，其中2个夭折了。
  - 科林：在纽约北部长大，父亲是水管工，母亲是家庭主妇，科林10岁时就患上了"神经衰弱"。
  - 他们的孩子：我的妈妈：西比尔；姨妈：埃莉诺；叔叔：爱德华（15岁时意外死亡）。
- 我家：
  - 西比尔：学校老师。
  - 约瑟夫：会计。
  - 兄弟姐妹和我：利亚姆是油漆工人，酗酒，有一个孩子；玛丽是护士，有两个孩子。
- 埃莉诺姨妈家：
  - 埃莉诺姨妈：放弃了当歌剧演员的理想。
  - 她的丈夫艾尔：汽车修理工。
  - 我的堂兄弟：莎朗是有才华的歌手，没有孩子；戴尔是精算师，有3个孩子。

请注意家族图谱中优势和脆弱部分的重复模式，并将它们写下来，可以根据需要添加纸张。

优势：

_____

_____

_____

_____

_____

脆弱部分：

_____

_____

_____

_____

_____

选择一个存在于你身上并影响生活的由家族传承而来的脆弱部分。

- 将注意力转向内在，请求内在各部分允许你关注这个脆弱部分。
- 如果它们有担忧，倾听它们的想法，或者在治疗师的帮助下约定下次再来讨论的意向；如果已经得到允许，请继续。
- 注意这个脆弱部分在身体内或周围的感受。
- 问以下问题并记下来，不要过度审视或思考。
  - 我和我父母（或者早年生活中的其他人）各占问题的多大比例？

_____％ 是我的。

_____％ 属于_____。

第六章
治疗提示

如何结束个案治疗

有些来访者喜欢在治疗过程中或治疗全程闭着眼睛，可能已经忘记了时间，有的人就不会忘记。有些人喜欢提前 5 分钟给他们提示，有些人可能喜欢再早一点。根据来访者的喜好，你可以这样结束咨询：

- "今天我们只剩最后几分钟了……"
- "我们的时间快到了……"
- "我们需要尽快完成……"

然后根据情况进行选择：

- 如果你正在与保护者协商：
  - "我们几分钟后会结束这次咨询，这个部分希望我们下周继续回来关注它，一起探讨吗？"
- 如果答案是否定的：
  - "好的，那等下周回来我们再重新讨论可以吗？"
- 如果正在见证被放逐的部分：
  - "从现在到下次会面前，这个部分会感到安全和舒适吗？"

治疗间隔期（来访者）

在和某个部分对话的过程中，你可以和来访者确定下次继续探索的意向。

- "在这次结束到下次咨询中间的这段时间里，这部分会是什么样子呢？"它可以待在现在的地方，也可以去其他任何时间或地点。问问它想去哪，接下来一周它需要什么。
- "如果这个部分愿意，你愿意经常去看它吗？"
- 如果答案是肯定的：
  - "如果你说自己会这样做，请务必做到。每天可以安排固定的时间来和这个部分聊一聊，比如起床时或睡觉前。"

有时候这个部分只是想在需要的时候能够联结到来访者，这种情况下可以这样问：

- "如果这部分需要你，你会怎么做呢？如果你不能在那个时候关注到它，可以怎么说呢？"
- 如果来访者说"我不知道"：
  - 你可以说"我现在有点事情，但不管发生什么，我都会在下午 4 点接完电话后来看你"。但如果你这样承诺之后，就给自己做个提醒，保证做到。说到做到，才能和部分建立信任。

与目标部分谈话结束时，确认一下整个内在系统的情况。

- "在今天谈话停止之前，是否有任何部分有想要说的或需要你做的？"
- "接下来的一周，有哪个部分希望你做点什么？"
- "好吧，现在请所有的部分回到内在，并收回它们的能量，这样从现在到下次来访前生活可以正常运转。"

治疗间隔期（治疗师）

对治疗师来说，在两次治疗间隔期，需要花几分钟的时间确认一下自己内在的各个部分。某些部分可能被之前的来访者激活，需要特别的关注，或者有些部分可能会对即将到来的下一位来访者感到紧张或担心。

你可以在治疗间隔期中定期练习冥想来清理激活部分的能量，保证自己能够敞开地面对下一位来访者。

治疗间隔期中的冥想练习

- 可以闭上眼睛，询问内在是否有部分在与上一位来访者的沟通过程中受到触动。
- 询问各个部分是否需要什么，确认它们是否愿意放松。
  - 如果答案是否定的，与它们约定一个晚一点的时间来看他们，并告知它们具体时间。然后当你接待下一位来访者时（想象），让它们在候诊室等一会儿。
- 在内在世界创造一个空间，将真我能量注入被来访者触发的体验中。
- 当这些部分后退之后，留意刚才创建的内在空间。
- 现在询问部分是否担心下一位来访者。
  - 倾听它们的担忧，让它们了解，它们可以在治疗期间在你身边休息，或者如果想更舒服一些，它们可以在候诊室等一会儿。
  - 询问它们是否信任你的真我可以很好地面对下一位来访者。
- 在面对下一位来访者之前，先与真我联结。

常见问题和回答

- 来访者不喜欢 IFS 语言，对部分的想法感到困惑。
  - 采用来访者习惯的语言来表达，但需要知道他在谈论的某个部分，如"所以当你生气的时候"或者"当你吃得太多的时候"。
- 来访者对内在体验（感受、感觉或想法）感到不自在。
  - 在得到来访者允许的情况下，找到原因并听他描述为什么会这样。通常的原因是被放逐者占据了或者害怕极端的保护者拥有太大的权力。
- 来访者认为部分是病态的。
  - 我们规范心理多样性使其正常化，并验证各个部分的积极意图。
- 来访者很认同但无法全情投入。
  - 友好地观察并询问是否可以对此感到好奇，然后找到使来访者无法投入的部分，通常是伪真我的部分，了解它为什么这么做。
- 来访者的部分呈现出困惑和混乱。
  - 要有耐心，观察到情况就是这样，询问为什么这样的呈现可能很重要。
- 来访者只是想讲故事并征求治疗师的意见。
  - 感谢这个保护部分，并询问它是否愿意直接表达自己的担忧，而不是阻碍其他部分的意见。
- 来访者没能和困难或害怕的部分分离：
  - 一个具有强烈负面情绪的被放逐者，面临被淹没的威胁。
  - 残酷的批评部分。
  - 自残或自杀部分。
  - 愤怒的部分。
  - 直接与部分对话。
- 来访者的保护者不肯为真我腾出空间。
  - 相信真我可以引领和探索。
  - 可能有一个激活的伪真我部分。
  - 保护部分可能对来访者的真我有负面的感受。

第七章
应用拓展

练习 IFS 时出现的常见顾虑

1. 缺乏 IFS 治疗经验或培训

缺乏经验的 IFS 治疗师可以安全地与保护者交谈，但尽量避免做被放逐者的工作。

2. 没有信心面对可能出现的困难

1）信心源于经验的累积。缺乏 IFS 经验或培训的治疗师仍然可以安全地与保护者交流。

2）建议大家接受 IFS 正规培训和督导，也可以作为来访者体验 IFS。

练习 IFS 时的常见问题

1. 可以将 IFS 与之前的培训结合起来吗？

1）只要真我状态呈现，对来访者的部分可以保持好奇、认同、关怀和尊重，就可以自由地尝试整合所了解和熟悉的各项技能。

2）留意 IFS 在某些重要方面与传统创伤治疗方法有

很大的区别（Anderson & Sweezy，2016）。

3）建议整体采用 IFS 框架，然后根据适合的情况整合其他疗法开展治疗。例如，可以做 CBT、EMDR 或针对身体特定保护部分进行工作。

2. 如果无意中触发了被放逐者，该怎么办？

向来访者的保护者道歉，让它们知道这样做并不是你的本意，并认可它们所从事的工作。

许多训练有素、经验丰富、富有天赋的 IFS 治疗师将 IFS 应用于美国和世界其他地区不同的治疗人群和治疗模式中。要了解更多的书籍和相关信息请访问真我领导中心网站。

治疗模式

夫妻治疗

托尼·埃尔比 – 布朗克[⊖]（Toni Herbine-Blank）将 IFS 运用于夫妻治疗中，并在《由内而外的亲密关系》（*Intimacy from the Inside Out*）一书中强调了良好的沟通对于亲密关系的重要性。其开发的"由内而外的亲密关系"（IFIO）通过真我教会不同部分相互表达，帮助它们接受彼此的差异，放弃内在的小我和外在的羞愧感，持续沟通，直到每个部分都感到被充分地倾听和理解并能够在差异中共存（Herbine-Blank，2013；Herbine-Blank，Kerpelman & Sweezy，2016）。

重组家庭

帕特里夏·帕佩尔诺沃[⊜]（Patricia Papernow）在重组家庭的研究中，运用 IFS 阐明了重组家庭结构带来的 5 个挑战。每一个挑战需要 3 个层次的

⊖ 托尼·埃尔比 – 布朗克：IFS 高级培训师，"由内而外的亲密关系"开发总监。
⊜ 帕特里夏·帕佩尔诺沃：重组家庭关系生存和发展的有效性研究，ppapernow@gmail.com。

临床工作，以帮助极端部分放松并支持真我的领导：

（1）心理教育——提供有关重组家庭与初婚家庭如何不同的信息，指出哪些是有效的，哪些是无效的，可能会遇到的挑战。

（2）人际关系——面对重组家庭结构的分裂力量，支持真我与真我的联结。

（3）内在反应——当内在反应性水平过高或过低时，使用 IFS 治疗家族传承的创伤可能会激发过往创伤的反应（Papernow，2013）。

儿童和青少年

帕梅拉·克劳斯⊖（Pamela Krause）将 IFS 应用于儿童与青少年人群。儿童没有办法像成年人那样直接影响家庭状态及成人的行为，他们呈现的症状会象征性指引我们联结到那些试图解决内在问题的部分。克劳斯举例说，我们可以通过 IFS 帮助父母与自己内在的保护部分分离，这样在孩子出现外部归因错误，和自己的内在部分建立关系时，父母就可以关注这些保护者的担忧，并治愈孩子被放逐的创伤（Krause，2013）。

成年子女

保罗·诺伊施塔特⊜（Paul Neustadt）将 IFS 应用于抚养成年子女所面临的挑战中，将真我引领的养育与被动养育区分开来。真我引领的父母能以清晰的视角看待现在，而无法和保护部分分离的父母则会对现在的情况做出反应，就好像再一次重复过去的负面经历一样。诺伊施塔特举例说明了 IFS 如何帮助父母将保护者和真我分离开来（Neustadt，2016）。

⊖ 帕梅拉·克劳斯：pamela.krause@gmail.com。

⊜ 保罗·诺伊施塔特：probneus@gmail.com。

团体治疗

团体治疗是一个概括性的术语，涵盖不同人群的各项选择。虽然目前还没有文献描述如何在团体治疗中使用 IFS，但许多熟练的治疗师正在团体中运用 IFS。我们观察到，IFS 的基本原则（每个人都有很多的部分，当保护部分和真我分离开来，真我就可以治愈脆弱的部分）适用于各种团体治疗，包括创伤幸存者、抑郁、焦虑、饮食失调和成瘾等。

身体治疗

苏珊·麦康奈尔[⊖]（Susan McConnell）将 IFS 应用于身体治疗中，定位了创伤的身体表现，并演示了 IFS 治疗师如何使用呼吸、运动和触摸等方式呈现真我，与部分建立关系，并在见证、卸载之后，将这些部分整合至内在系统中（McConnell，2013）。

创伤

创伤后应激障碍（PTSD）、分离性身份识别障碍（DID）、其他未指定的极端应激障碍（DESNOS）

弗兰克·安德森[⊖]（Frank Anderson）和玛莎·斯威齐（Martha Sweezy）将 IFS 应用于创伤领域的治疗中，并将 IFS 与标准创伤治疗区分开来：在标准治疗中，治疗分为不同阶段，提供各种练习，旨在帮助来访者在接受处理创伤记忆各种暴露疗法之前保持稳定。相比之下，IFS 一开始就非常欢迎各种极端的症状或极端部分出现，由内而外逐步建立一种爱的联结方式，

⊖　苏珊·麦康奈尔：susanmccon@gmail.com。
⊖　弗兰克·安德森：Frank@FrankAndersonMD.com。

并积聚力量来面对因创伤而产生的攻击自己的各种信念，比如我不可爱，我毫无价值等（Anderson & Sweezy，2016）。

创伤和慢性生理疾病

将 IFS 应用于慢性疾病治疗的过程中，南希·索厄尔（Nancy Sowell）阐述了运用 IFS 进行深入的自我接纳练习来舒缓和疗愈内心的伤痛，从而缓解创伤后的心理和生理失调。此外，由于慢性疾病产生的内在冲突也将减轻，比如面对煎熬的坚忍与恐惧和悲伤之间的冲突。冲突减轻可以改善自我关怀水平，给出更多的允许，从而治愈身体和内心的伤痛（Sowell，2013）。

创伤性精神疾病

双相情感障碍和精神分裂症

截至目前尚未看到 IFS 运用于治疗重性精神疾病相关的研究和文献，我们从临床经验中可以推断严重的精神疾病本身就是创伤性的，期待与有这些经历的来访者一起探索 IFS 的应用。

可能与创伤和生物学有关的精神疾病

抑郁和焦虑

在探索 IFS 独特优势的过程中，玛莎·斯威齐推测，因为有自我关怀，IFS 对于长时间泛化的精神痛苦是非常有效的。自我关怀是 IFS 的核心，它与自我羞愧感是相互排斥的。羞愧会加剧包括抑郁和焦虑在内的各种症状（Sweezy，2016）。

性

接纳所有关于性的部分和对待性的反应

拉里·罗森堡[⊖]（Larry Rosenberg）将 IFS 的概念应用在与性有关的领域。他指出，对于性文化来说，存在着从兴奋地渴望到可耻地抑制这样两极化的冲突。他认为性包含最基本的阴阳两极，性刺激受益于冲突中的紧张。当治疗师释放了自己内在的焦虑或评判的部分之后，就可以帮助来访者探索他们的性功能、自我身份、欲望和行为（Rosenberg，2013）。

丧失

真我关怀下的悲伤

德里克·斯科特[⊖]（Derek Scott）将 IFS 应用在悲伤治疗的过程中，区分简单和复杂的悲伤。前者简单明了，IFS 治疗师带着真我能量陪伴失去亲人的来访者并在需要的时刻引导即可。后者是一种非常复杂的悲伤情绪，来源于一些部分在过去曾经因为缺乏支持而导致的丧失，这种悲伤需要来访者真我的爱和关怀才能真正治愈（Scott，2016）。

压迫

压迫往往源自种族主义，以及其他形式的歧视或偏执，比如歧视同性恋、歧视变性人、厌女癖、仇外心理等。

为了解决自己的种族主义问题，理查德·施瓦茨（Richard Schwartz）

⊖ 拉里·罗森堡博士：larry_rosenberg@hms.harvard.edu。
⊖ 德里克·斯科特：derek@derekscott.com。

与他的这个部分成了朋友，并了解它们的保护作用。他指出，承认我们的偏见，尤其是隐藏的偏见，在我们用部分和真我的方式思考和说话时，就不那么像雷区了，因为我们不能用全球标准来定义某些部分的种族主义信仰和行为。此外，他还举例说明了如何让我们所有的部分感到安全，让那些积极主动的保护者从繁重的、多数并不属于自己的工作中解脱出来。通过促进真我引领的对话，施瓦茨已经可以帮助人们——甚至是处于战争中的人（特别是以色列人和巴勒斯坦人）——从个人和公共角度解决种族主义的伤害（Schwartz，2016）。

极端保护者

行凶部分

理查德·施瓦茨将 IFS 应用在罪犯心理治疗中。他了解到，行凶的部分与其他保护部分不同：它们可以驱动控制或羞辱，当感受到有力量时它们就可以放松。它们鄙视和惩罚自己脆弱的部分，也包括其他人。它们并不关心后果，也不关心受害者的感受。虽然这些部分具有破坏性，非常可怕，但是施瓦茨指出，它们并非天生如此。事实上，保护者并不喜欢自己在做的工作，一旦他们保护的部分得以疗愈，它们就会发生改变（Schwartz，2016）。

代价惨痛的成瘾

酒精和毒品

切切·赛克斯[⊖]（Cece Sykes）将 IFS 应用于成瘾治疗，帮助来访者看到典型的成瘾两极化——在严苛的自我管理和强迫的冒险之间不断冲突，以

⊖　切切·赛克斯：cecesykes427@gmail.com。

及被困在这两个部分中的保护者们其实都有积极的意图。她的首要目标是帮助来访者做到自我关怀，来访者们需要自我关怀来实现内在平衡和最终治愈（Sykes，2016）。

性瘾

南希·旺德[⊖]（Nancy Wonder）将 IFS 应用于性瘾的来访者，她的首要目标是在帮助来访者探索内在极化的部分时，确保治疗师处于 8C 状态，避免使用传统治疗性瘾的羞愧疗法。来访者的两极通常有两个部分，一个部分特别喜欢看色情片，但另一个部分认为来访者特别糟糕、难为情和可耻，需要色情片来分散注意力和满足自己。欢迎这两个阵营的保护者，可以帮助来访者的真我引领、治愈被放逐的部分，释放强迫性舒适幻觉（Wonder，2013）。

饮食失调

饮食失调通常表现为厌食、贪食、暴饮暴食。

珍妮·卡坦扎罗[⊖]（Jeanne Catanzaro）描述在使用 IFS 治疗饮食失调（ED）的来访者时，ED 患者有两极化的保护者，它们既害怕彼此又害怕放松警惕时产生的被放逐的感觉。使用 IFS，治疗师可以验证这些善意部分的恐惧，并将它们之间的冲突降级，从而接近和治愈潜在的创伤（Catanzaro，2016）。

其他

精神药理学

弗兰克·安德森（Frank Anderson）将 IFS 应用在精神药理学领域，阐

Ⓐ 南希·旺德：专门研究依恋伤害、性虐待和性行为，nancywonder@icloud.com。

Ⓐ 珍妮·卡坦扎罗：jeannecatanzarophd@gmail.com。

述了五种治疗策略。首先，列出一系列症状，并与各个部分展开对话，这样就可以区分究竟是生理表现还是某个部分的特定行为。然后，重视一些部分对之前用药的体验，并倾听它们对未来的担忧。只有在所有部分达成一致时才能开具药物处方。一旦达成一致，引导来访者的各个部分了解对药物使用的合理期望，并邀请它们分享自己的体验。最后，治疗师帮助自己的部分与真我分离，确保用真我引领来访者做出决定（Anderson，2013）。

静观

杰克·恩格勒[⊖]（Jack Engler）在介绍 IFS 疗法时，描述了他个人体验 IFS 治疗的经历，以及施瓦茨博士提出的"真我"与各种精神成长的传统教导之间显著的异同。虽然大多数精神成长练习都试图联结到内在合一、觉知和觉醒的整体意识，恩格勒指出，区分 IFS 和传统精神成长方法中有两个关键点：第一，真我是交互式的；第二，与真我的联结并不需要多年严格的训练（Engler，2013）。

健康指导

约翰·利文斯通[⊜]（John Livingstone）和乔安妮·加夫尼[⊕]（Joanne Gaffney）将 IFS 应用于健康指导工作（self-aware informational nonjudgmental health coaching or SINHC™）中，健康指导工作（SINHC）具体指的是真我领导下非判断型信息化健康指导，健康指导教练觉察自己的身体感受和内在部分的信念，在情感上支持和帮助来访者。健康指导培训的教练采用信息交互方式（information interwave™），也就是直接访问来访者的部分，初期不会给来

⊖ 杰克·恩格勒博士：jackengler@verizon.net。

⊜ 约翰·利文斯通：jlivingstoneservices@comcast.net。

⊕ 乔安妮·加夫尼：jgaffneyliving@gmail.com。

访者提供任何建议。相反，他们倾听来访者各部分的感受和想法，通过表达感兴趣和确认担忧，帮助保护部分真正放松下来，这样来访者就可以听到更多确切的信息，并在真我的主导下做出决定（Livingstone & Gaffney，2013）。

创造力

让娜·马拉默德·史密斯[⊖]（Janna Malamud Smith）在《内在家庭系统治疗的创新与论述》（*Innovations and Elaborations in Internal Family Systems Therapy*）一书中，认为部分心理学治疗可以将来访者和部分之间的相互作用具体化，这和创作者对作品进行不同视角的定位和打磨后所创作的小说、诗歌和戏剧进入心灵时有着相同的过程，这不仅体现在各种角色中，还包括每个角色的不同部分（Smith，2016）。

IFS 相关的科学研究

迈克尔·米索弗[⊖]（Michael Mithoefer）和他的研究小组一直在研究药物 3，4-亚甲二氧基甲基苯丙胺（MDMA）的效果，以帮助退伍军人、消防员、警察和因强奸、被侵犯或童年虐待而患有 PTSD 的来访者进行心理治疗。接受过 IFS 培训的精神病学家米索弗写道："MDMA 能显著提高服用药物的来访者的真我能量，同时增强他们对内在各个部分的识别能力。研究结果显示无论是短期还是长期，MDMA 在降低 PTSD 症状方面都是非常有效的。"

2013 年发表在《风湿病学杂志》（*Journal of Rheumatology*）的一项研究（Shadick，et al）表明，IFS 对类风湿关节炎患者有良好的疗效。这项研究

⊖ 让娜·马拉默德·史密斯：WBUR'S Cognoscenti 的定期撰稿人，jannamsmith@verizon.net。
⊖ 迈克尔·米索弗：mmithoefer@mac.com。

曾被美国国家循证项目与实践注册系统（NREPP）鉴定，显示 IFS 是循证医学疗法。特别是，他们还发现 IFS 对心理（抑郁、焦虑）、身体（整体健康状况）和精神（个人抗逆力和真我领导力）等方面都产生了有益的影响。

　　近年来，真我领导基金会（非营利组织）致力于通过研究和奖学金等举措持续推动 IFS（包括心理治疗外的领域）的发展，推动了两个试点研究的完成，一项是关于 IFS 治疗 PTSD 和复杂创伤，探索现象学、生理学及 IFS 治疗的双向影响。另一项研究提出 IFS 对治疗师、来访者和他们之间的治疗关系可以产生生理性影响的假设。同时，PTSD 和复杂创伤研究的结果显示，在完成 16 周 IFS 治疗后，13 名受试者中有 12 位 PTSD 和抑郁症状显著减轻。

参 考 文 献

[1] American Psychiatric Association. (2013). *Diagnostic and statistical manual of mental disorders* (5th ed.). Arlington, VA: American Psychiatric Publishing.

[2] Anderson, F. G. (2013). "Who's Taking What?" Connecting Neuroscience, Psychopharmacology and Internal Family Systems for Trauma. In: M. Sweezy & E. L. Ziskind (Eds.), *Internal family systems therapy: New dimensions* (p. 107-126). Oxford, U.K.: Routledge.

[3] Anderson, F. G., Sweezy M. (2016). What IFS Offers to the Treatment of Trauma. In: M. Sweezy & E. L. Ziskind (Eds.), *Innovations and elaborations in internal family systems therapy* (p. 133-147). Oxford, U.K.: Routledge.

[4] Anderson, F. G., (2016). Here's How Neuroscience Can Shift Your Client's Emotions in an Instant. *Psychotherapy Networker*. Nov./Dec. 2016.

[5] Burri, A., Küffer, A., Maercker, A. (2013, January 16). Epigenetic Mechanisms in Post-Traumatic Stress Disorder. *StressPoints*. Retrieved from http://www.istss.org/education-research/traumatic-stresspoints/2013-january/epigenetic-mechanisms-in-post-traumatic-stress-dis.aspx

[6] Catanzaro, J. (2016). IFS and Eating Disorders: Healing the Parts Who Hide in Plain Sight. In: M. Sweezy & E. L. Ziskind (Eds.), *Innovations and elaborations in internal family systems therapy* (p. 49-69). Oxford, U.K.: Routledge.

[7] D'Andrea, W., Ford, J., Stolbach, B., Spinazzola, J., van der Kolk, B. A. (2012). Understanding Interpersonal Trauma in Children: Why We Need a Developmentally Appropriate Trauma Diagnosis, *American Journal of Orthopsychiatry 82*, 187-200.

[8] Ecker, B., Ticic, R., Hulley, L. (2012). *Unlocking the emotional brain: Eliminating symptoms at their roots using memory reconsolidation*. London, U.K.: Routledge.

[9] Engler, J. (2013). An Introduction to IFS. In: M. Sweezy & E. L. Ziskind (Eds.), *Internal family systems therapy: New dimensions* (p. xvii-xxvii). Oxford, U.K.: Routledge.

[10] Fisher, S. F. (2014). *Neurofeedback in the treatment of developmental trauma: Calming the fear-driven brain*. New York, NY: W. W. Norton & Company, Inc.

[11] Geib, P. (2016). Expanded Unburdenings: Relaxing Managers and Releasing Creativity. In: M. Sweezy & E. L. Ziskind (Eds.), *Innovations and elaborations in internal family systems therapy* (p. 148-163). Oxford, U.K.: Routledge.

[12] Herbine-Blank, T. (2016). Self in Relationship: An Introduction to IFS Couple Therapy. In: M. Sweezy & E. L. Ziskind (Eds.), *Internal family systems therapy: New dimensions* (p. 55-71). Oxford, U.K.:Routledge.

[13] Herbine-Blank T, Kerpelman D, Sweezy, M. (2015). *Intimacy from the inside out: Courage and compassion in couple therapy.* Oxford, U.K.: Routledge.

[14] Herman, J. L., Perry, C. J., Van der Kolk, B. A. (1989, April). Childhood trauma in borderline personality disorder. *American Journal of Psychiatry, 146*(4), 490-495 (ISSN: 0002-953X).

[15] Herman, J. L. (1992). *Trauma and recovery.* United States: Basic Books.

[16] International Society for the Study of Trauma and Dissociation (2011). Guidelines for treating dissociative identity disorder in adults, third revision: Summary version. *Journal of Trauma & Dissociation, 12*, 188-212.

[17] Kabat-Zinn, J. (2003, June). Mindfulness-Based Interventions in Context: Past, Present, and Future. *Clinical Psychology: Science and Practice 10*(2), 144-156.

[18] Kagan, J. (2010). *The temperamental thread: How genes, culture, time and luck make us who we are.* New York: the Dana Foundation.

[19] Krause, P. IFS with Children and Adolescents (2013). In: M. Sweezy & E. L. Ziskind (Eds.), *Internal family systems therapy: New dimensions* (p. 35-54). Oxford, U.K.: Routledge.

[20] Krause P., Rosenberg L.G., Sweezy M. (2016). Getting Unstuck. In: Sweezy M., Ziskind E. L. (Eds.), *Innovations and elaborations in internal family systems therapy* (p. 10-28). Oxford, U.K.: Routledge.

[21] Lanius R. A., Bluhm R. L., Coupland N. J., Hegadoren K. M., Rowe B., Théberge J., Neufeld R. W., Williamson P. C., Brimson M. (2010, January). Default mode network connectivity as a predictor of post-traumatic stress disorder symptom severity in acutely traumatized subjects. *Acta Psychiatrica Scandinavica.121*(1):33-40.

[22] Linehan, M. (1993). *Cognitive-behavioral treatment of borderline personality disorder.* New York: Guilford.

[23] Livingstone, J. B., Gaffney, J. (2013). IFS and Health Coaching: A New Model of Behavior Change and Medical Decision Making. In: M. Sweezy & E. L. Ziskind (Eds.), *Internal family systems therapy: New dimensions* (p. 143-158). Oxford, U.K.: Routledge.

[24] McConnell, S. (2013). Embodying the Internal Family. In: M. Sweezy & E. L. Ziskind (Eds.), *Internal family systems therapy: New dimensions* (p. 90-106). Oxford, U.K.: Routledge.

[25] Neustadt, P. (2016). From Reactive to Self-Led Parenting: IFS Therapy for Parents. In: M. Sweezy & E. L. Ziskind (Eds.), *Innovations and elaborations in internal family systems therapy* (p. 70-89). Oxford, U.K.: Routledge.

[26] Northoff G., Bermpohl F., (2004, March). Cortical Midline Structures and the Self. *Trends in Cognitive Science. 8*(3), 102-107.

[27] Papernow, P.(2013). *Surviving and thriving in stepfamily relationships: What works and what doesn't.* New York, NY: Routledge.

[28] Porges, S.(2011). *The polyvagal theory: Neurophysiological foundations of emotions, attachment, communication, and self-regulation.* New York: W.W. Norton.

[29] Rosenberg, L. G. (2013). Welcoming All Erotic Parts: Our Reaction to the Sexual and Using Polarities to Enhance Erotic Excitement. In: M. Sweezy & E. L. Ziskind (Eds.), *Internal family systems therapy: New dimensions* (p. 166-185). Oxford, U.K.: Routledge.

[30] Schwartz R. C. (2013). The Therapist Client Relationship and the Transformative Power of Self. In: M. Sweezy & E. L. Ziskind (Eds.), *Internal family systems therapy: New dimensions* (p. 1-23). Oxford, U.K.: Routledge.

[31] Schwartz R. C. (2016). Perpetrator Parts. In: M. Sweezy & E. L. Ziskind (Eds.), *Innovations and elaborations in internal family systems therapy* (p. 109-122). Oxford, U.K.: Routledge.

[32] Schwartz, R. C. (2016). Dealing With Racism: Should We Exorcise or Embrace Our Inner Bigots? In: M. Sweezy & E. L. Ziskind (Eds.), *Innovations and elaborations in internal family systems therapy* (p. 124-132). Oxford, U.K.: Routledge.

[33] Scott, D. (2016). Self-Led Grieving: Transitions, Loss and Death. In: M. Sweezy & E. L. Ziskind (Eds.), *Innovations and elaborations in internal family systems therapy* (p. 90-108). Oxford, U.K.: Routledge.

[34] Seppala, E. (2012). The Brain's Ability to Look Within: A Secret to Well-Being. *The Creativity Post*, Dec. 30. Retrieved from http://www.creativitypost.com/psychology/the_brains_ability_to_look_within_a_secret_to_well_being

[35] Siegel, D. J. (2017). *Mind: A journey to the heart of being human.* New York, NY: Norton.

[36] Singer, T, Klimecki O. (2014, September). Empathy and Compassion. *Current Biology, 24*(18), R875-R878.

[37] Sinko, A. L. (2016). Legacy Burdens. In: M. Sweezy & E.L. Ziskind (Eds.), *Innovations and elaborations in internal family systems therapy* (p. 164-178). Oxford, U.K.: Routledge.

[38] Smith J. M. (2016). Introduction. In: M. Sweezy & E. L. Ziskind (Eds.), *Innovations and elaborations in internal family systems therapy* (p. 1-9). Oxford, U.K.: Routledge.

[39] Sowell, N. (2013). The Internal Family System and Adult Health: Changing the Course of Chronic Illness. In: M. Sweezy & E. L. Ziskind (Eds.), *Internal family systems therapy: New dimensions* (p. 127-142). Oxford, U.K.: Routledge.

[40] Sweezy M. (2013). Emotional Cannibalism: Shame in Action. In: M. Sweezy & E. L. Ziskind (Eds.), *Internal family systems therapy: New dimensions* (p. 24-34). Oxford, U.K.: Routledge.

[41] Sykes C. (2016). An IFS Lens on Addiction: Compassion for Extreme Parts. In: M. Sweezy & E. L. Ziskind (Eds.), *Innovations and elaborations in internal family systems therapy* (p. 29-48). Oxford, U.K.:Routledge.

[42] Van der Kolk, B. A. (2014). *The body keeps the score: Brain, mind and body in the healing of trauma.* New York, NY: Viking Press.

[43] Van der Kolk, B. A. (2005). Developmental Trauma Disorder: Toward a Rational Diagnosis for Children with Complex Trauma Histories, *Psychiatric Annals 35*(5), 401-408.

[44] Wonder, N. (2013). Treating Pornography Addiction with IFS. In: M. Sweezy & E. L. Ziskind (Eds.), *Internal family systems therapy: New dimensions* (p. 159-165). Oxford, U.K.: Routledge.